LE CHEVAL

DU TONKIN

INDOCHINE FRANÇAISE

LE CHEVAL

DU TONKIN

Son Etude. — Son Amélioration

par R. A. PRADET

Vétérinaire en second — Hors cadres

DIRECTEUR DE LA JUMENTERIE DE NUOC-HAI

HANOI
Imprimerie de l'Avenir du Tonkin
1909

PRÉFACE

La question de l'amélioration des races chevalines a toujours été une cause de dépenses plus ou moins fortes pour les divers pays.

D'après les besoins du commerce ou de la défense, les chevaux autochtones ont dû subir des transformations en des sens variés, suivant leur format primitif et leurs aptitudes originelles. Dans un grand nombre de cas, des mélanges de races ont dû être faits.

Dans presque tous les États maintenant, des services spécialisés, autrement dit " les services des Haras ", sont chargés de la sélection des reproducteurs, de l'orientation à donner à la production animale vers des utilisations déterminées.

Autant dire quelle est la grande importance de la question.

Un certain nombre de facteurs interviennent dans l'établissement d'un programme visant l'élevage du cheval.

C'est en première ligne, l'amendement du sol dans la totalité des provinces ou dans certaines d'entre elles ; c'est ensuite l'alimen lation intensive des jeunes chevaux et de leurs mères, pendant que ces animaux ne peuvent rendre de travail utile, en partie rémunérateur ; c'est enfin, la nécessité d'utiliser des étalons choisis, pris parmi les races que l'on désigne comme amélioratrices, et dont le prix est souvent inabordable pour l'éleveur ordinaire.

Toutes ces causes réunies font que les frais considérables occasionnés par l'élevage, doivent être supportés en partie par l'administration.

La race chevaline du Tonkin est une de celles qui demandent présentement un grand perfectionnement ; le cheval dans le pays, par sa petite taille, ne remplit pas les conditions que l'on est à même d'exiger chez un animal de selle ou de trait ; de plus, la production du cheval a périclité depuis de nombreuses années, surtout en valeur, ainsi que je chercherai à le démontrer.

L'amélioration du cheval annamite doit donc nous préoccuper au plus haut point. C'est sur des données sérieuses que le perfectionnement doit être établi. Par l'emploi d'une sage méthode, il peut-être espéré une solution assez prompte. Dans un délai relativement bref, il pourrait être ainsi permis d'utiliser des chevaux plus grands, plus forts, que ceux du pays, d'une rusticité au moins égale à la leur, d'un tempérament semblable.

C'est cette méthode, les règles qui doivent la diriger, qui feront l'objet de l'étude que j'entreprends. Mais avant, je chercherai à faire connaître la race que nous voulons améliorer.

J'analyserai donc successivement, le cheval du Tonkin, au point de vue de sa conformation, de ses aptitudes, de ses défauts, de son habitat, de sa nourriture, pour passer au mode de reproduction direct ou par métissage, qu'il y aurait lieu d'employer. Je terminerai ensuite par l'entraînement qu'il conviendrait d'adopter pour le perfectionnement de la race.

En parcourant mon étude, le lecteur pourra peut-être s'apercevoir que mes idées ne sont pas nouvelles pour lui ; certaines d'entre elles ayant déjà paru dans plusieurs arrêtés au Journal Officiel. Mon travail a été commencé en janvier 1905, et le retard que j'ai mis à le faire paraître a été motivé, d'abord par mes diverses occupations, ensuite par la publication des arrêtés où ce que je préconisais était plus ou moins édicté. Si j'ai insisté aujourd'hui, c'est que le détail général n'a pas répondu au plan d'ensemble, et que certaines mesures, bonnes en certains pays, m'ont paru peu en rapport et pas assez étudiées pour un élevage dans la Colonie.

1ʳᵉ PARTIE

DU CHEVAL ANNAMITE

I

SA CONFORMATION

Le cheval, dit annamite, est un cheval de petite taille (1m. 12 à 1m.25), d'une conformation des plus hétérogènes. On comprend d'ailleurs dans le type du cheval du Tonkin, un mélange de chevaux venus des provinces chinoises limitrophes, et d'autres, nés et élevés dans le pays même, parmi lesquels on rencontre les types les plus divers. Cela ne doit point nous surprendre, quand on pense que des chevaux arabes, australiens, bretons, polonais, tartares, sont venus à diverses époques se mélanger à eux.

On peut rattacher à trois types principaux les conformations les plus fréquemment rencontrées sur le cheval indigène.

Je les classerai ainsi : 1º le type commun, 2º le type que j'appellerai longiligne, 3º le type modifié.

1º Le type le plus commun, (1 m. 15 à 1 m. 21) se trouve dans les provinces de Lang-Son, Cao-Bang, Bac-Kan............ C'est celui qui, à mon point de vue, doit être considéré comme le cheval du pays de pur sang. Il se présente avec un ensemble arrondi, court, massif, sauf du côté des rayons locomoteurs, lesquels restent souvent légers par rapport au corps de machine (voir planche I et II). Le sujet que l'on classe dans ce type a une robe généralement claire, soit grise, soit isabelle, ou pie : du côté des ouvertures naturelles on remarque parfois des marbrures ou de larges taches de ladre.

Ce cheval a la tête expressive, le front carré, l'œil petit, le chanfrein épais, les naseaux étroits, les oreilles fines et bien dirigées. La tête de l'animal est lourde dans la région des ganaches, et elle est en général mal attachée au sommet d'une encolure également lourde, épaisse, manquant de longueur. La crinière et le toupet sont très fournis ; ils viennent par leur masse augmenter la défectuosité constatée, qui est la brièveté de l'encolure. La ligne du dessus est courte, le garrot est mal sorti, manque de sécheresse. Le rein est bon, large, puissant ; la croupe est courte, un peu oblique : la queue est plantée un peu bas. La cuisse arrondie dans le haut est peu descendue et coupée brusquement. La poitrine est large, assez profonde et de hauteur moyenne ; la côte pourtant est un peu arrondie. L'épaule est peu oblique. Les membres antérieurs ont des aplombs généralement bons, mais les avant-bras sont courts et un peu grêles : les canons sont longs et parfois obliques en arrière, le genoux creux étant assez communément retrouvé. Les pieds sont bons généralement. Quant aux membres postérieurs, ils sont d'habitude panards et les jarrets sont clos, étranglés à leur base.

Je ne saurais mieux résumer ce type qu'en disant qu'il se présente sous la forme de deux chevaux réunis : le cheval breton dans le train antérieur, la jument commune du midi dans le train postérieur, dans le dos et le rein ; ou encore c'est le cheval de la Camargue de pur sang, de petite taille, avec un rein légèrement moins long.

2º Le type longiligne, (*planche* III et IV) qui, vu de profil, se laisse voir avec la ligne du dessus faite en montant du rein au garrot. Le cheval qui présente ce type est en général de robe grise et a des leviers plus longs, des aplombs postérieurs meilleurs que celui du type précédent. La direction de la croupe reste défectueuse. Une qualité par contre qui est retrouvée chez lui, est la hauteur de poitrine commandant une épaule longue et un garrot assez bien marqué ; l'encolure toutefois reste massive. Le restant de la conformation ne change généralement pas dans ce cheval longiligne. Celui-ci se rencontre dans les mêmes régions que le cheval du premier type, et principalement dans les provinces chinoises avoisinantes.

3º Enfin, il existe un autre type, que l'on peut désigner sous le nom de type modifié, (*planche* V) et qui, dans les détails, nous offre plus d'harmonie dans les formes, chez lequel l'analyse des régions nous fait reconnaitre quelques beautés complémentaires. Je veux parler du cheval dit du Yunnan, lourd et court de membres, assez long dans son dessus, possédant une croupe se rapprochant un peu plus de l'horizontale. L'encolure est bien sortie, plus légère, paraissant moyennement longue, la tête reste empatée à son sommet. L'épaule est plus oblique, la poitrine est large, profonde, assez haute. Les membres sont plus épais, forts, les articulations bien nouées et les aplombs légèrement panards. La cuisse est coupée, mais moins que dans les 2 types qui précèdent. Avec une esthétique meilleure, la taille de ce dernier cheval est un peu élevée et atteint parfois même 1 m. 26, 1 m. 28. La robe est simple, plus ou moins foncée chez certains sujets, pour rester en général claire sur la plupart des individus. C'est ainsi que l'alezan à crins lavés, l'isabelle, le noir mal teint sont retrouvés.

A côté de ces trois types de chevaux, nous en retrouvons aussi une foule d'autres, mais qui ne sont à véritablement parler qu'un mélange des premiers. C'est ainsi que le cheval près de terre, peut être rencontré ; (planche VI, VII et VIII) le sujet fort de membres, mais de petite taille est commun également. Malgré les mélanges de conformations, une chose qui reste toujours comme caractéristique de la race, c'est la tête épaisse au niveau de son attache et aussi le manque d'encolure et la cuisse coupée.

En dehors de ces mélanges des types du pays, nous avons aussi à l'heure actuelle une infusion de sang étranger dans la race, qui a voulu que certains chevaux se présentent avec une taille plus élevée que la normale, que le garrot, par exemple, soit mieux sorti, plus sec, que dans la race ordinaire, (planche IX et X). Généralement, tous les produits issus de croisement sont d'une taille légèrement supérieure à celle du produit du pays qui a engendré le métis. Malheureusement, par leurs formes, ils ne valent pas le cheval indigène, qui est mieux suivi dans l'ensemble. Jusqu'ici d'ailleurs, ce sont des étalons importés, et de provenances diverses, qui ont servi dans les opérations du métissage ; des chevaux arabes, venus dans le pays au moment de la conquête, des chevaux bretons, des polonais, presque tous des sujets de valeur médiocre, quant à

PLANCHE I

That-Khé. — Bai pie, cheval annamite de la région de Caobang (appartient au peloton de linh-co).

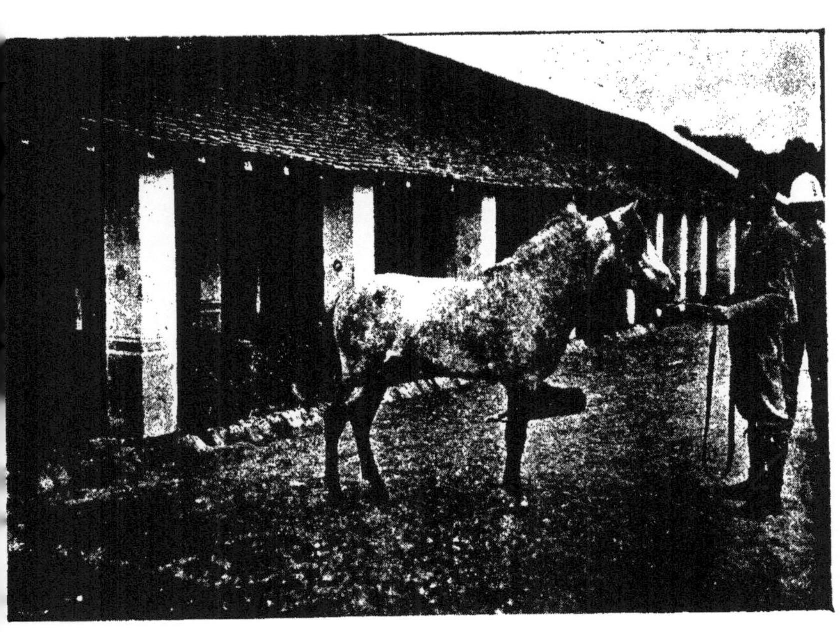

PLANCHE II

Beau-Site. — Gris rouanné, même provenance que le précédent. (Au peloton de linh-co de Caobang)

PLANCHE III

Tra-Linh. — 1 m. 24, gris très clair (du peloton de linh-co de Caobang).

la conformation qu'ils pouvaient allier à celle de la jument annamite. Seuls, les chevaux arabes auraient pu donner, à mon avis, des résultats satisfaisants, si nous avions eu affaire à des animaux de choix, au lieu que l'on a utilisé des individus plus ou moins tarés, âgés ou fatigués par le service de troupe qu'ils faisaient auparavant.

II

SES QUALITÉS

Le cheval du pays est un animal à tempérament sanguin. Les qualités qu'il montre sont celles innées au tempérament en question et aussi à celles d'une conformation ramassée, près de terre. C'est ainsi que nous constatons que les individus sont très vigoureux ardents au travail, résistants à la fatigue, d'autant plus d'ailleurs que leur système nerveux est peu impressionnable. Ils sont aussi capables de porter de lourdes charges, pendant de nombreux kilomètres, quoique ne possédant qu'une très petite taille.

Déjà dès le jeune âge comme poulain, le cheval annamite fait de longs trajets en suivant sa mère. Peu de temps après le sevrage, il est monté également à poids relativement lourd, 45 à 60 kilogs., et parcourt des étapes de 30 à 40 kilomètres ; servant de monture aux indigènes se rendant d'un centre à un autre. Elevé dans des régions montagneuses, ayant pour habitat des cirques rocheux, des flancs de coteaux, il porte son cavalier sur des pistes difficiles, parfois très étroites, établies sur un sol plus ou moins rocheux. Arrivé à l'âge adulte, l'animal est donc très adroit, par l'habitude qu'il a du terrain accidenté ; il passe aisément la plupart des obstacles sans difficulté, mais sans ten-dance à les sauter toutefois, sa taille y mettant empêchement.

La rusticité est encore l'apanage du cheval annamite. Très sobre, se contentant d'une nourriture peu choisie, habitué aussi à s'abreuver dans des eaux souvent bourbeuses, l'animal du pays est capable d'entreprendre de longues routes sans que son cavalier ait besoin de s'inquiéter pour sa nourriture. Cette rus-ticité peut être mise sur le compte de la taille très réduite des sujets, car comparé au cheval de France de taille ordinaire, le cheval du Tonkin consomme une ration relativement plus forte.

La vitesse (7 kilomètres à l'heure au pas) à laquelle marche le cheval indigène, doit aussi être prise en considération.

Nous savons en effet que quoique petit, le cheval annamite a une vitesse respectable. En recherchant la cause de celle-ci, nous voyons qu'elle est le résultat de trois facteurs principaux . 1º La situation du centre de gravité, lequel est très haut placé, quand l'animal est monté. 2º la faible dimension de la base de sustentation. 3º la lourdeur du cavalier. L'animal se déplaçant se trouve donc dans le cas d'imminence de chute ; pour éviter celle-ci, il précipite le déplacement de ses membres. Or, à cha-que foulée le même phénomène se reproduisant, nous explique la vitesse notable à laquelle se fait la marche.

Un quatrième facteur vient aussi s'ajouter pour rendre compte de la rapidité de celle-ci. je veux faire allusion à l'allure de l'am-ble, qui est imposée aux animaux, dès leur jeune âge, par les indigènes qui les montent. Nous savons en effet, que l'amble est une allure qui veut que l'individu qui la marche, se transporte d'un bipède latéral sur l'autre, obligeant le centre de gravité à se déplacer de droite à gauche et inversement, d'autant plus rapidement d'ailleurs, que l'allure est basse, empreinte d'instabilité manifeste.

Telles sont les considérations, qui nous expliquent pourquoi
le cheval du pays est un animal vite, aux allures basses : pas,
amble. Il serait erroné d'avancer en effet, que le même cheval
est vite aux allures sautées, telles que le trot et le galop : comme preuve, je me bornerai à citer le fait, qui veut que le cheval
indigène est d'un entraînement lent et difficile sur les faibles
parcours. Nous reviendrons d'ailleurs plus loin sur ce sujet, à
propos de l'entraînement au Tonkin.

Une autre qualité du cheval annamite, que l'on ne saurait nier,
c'est la bonne nature de ses pieds. Les sabots sont très résistants à l'usure. Il ne faut pas toutefois, s'exagérer cette qualité ;
si elle est constatée, c'est que la masse générale des sujets est
peu forte, que le cavalier indigène est peu lourd, que les allures
sont glissées plutôt que sautées. La résistance de la corne des
pieds diminue notablement, quand des Européens doivent se servir des chevaux du pays, surtout à des allures comme le trot, le
galop, au cours desquelles le jeu des membres est interrompu
par une période de suspension, et qu'il se produit, à l'issue de
celle-ci, une chute sur le sol, sur un sabot.

III

SES DÉFAUTS

Les défauts du cheval indigène sont, et il suffit d'y réfléchir un peu, aussi nombreux que ses qualités.

Les principaux tiennent au caractère et à la conformation, les autres se rattachent à la petitesse de la taille, au tempéra ment.

Le cheval annamite est très indépendant dans son *caractère*. Élevé par l'indigène la plupart du temps très distrait, il prend dès le bas âge l'habitude de se diriger lui-même, de gouverner en partie. Le semblant d'entêtement qu'il montre doit donc être attribué à son éducation. Pour nous, Européens, la façon de se comporter du cheval est très désagréable, car nous avons à lutter en permanence contre cette tendance bizarre, qu'ont nos montures ou nos chevaux d'attelage, à être capricieux, mimant parfois une distraction un peu exagérée pour agir à leur guise.

Le cheval est aussi d'une conduite difficile ou irrégulière ; cela tient à ce qu'il a été monté de très bonne heure par l'indigène, abordé presque toujours à droite plutôt qu'à gauche ; que l'on a employé pour lui, une bride dont le mors est constitué par un fit de fer tressé à l'embouchure. Sa bouche a été meurtrie bien des fois, par les à coups qu'on lui a donné pour les départs soit au trot, soit au galop. C'est pour éviter ces heurts sur les barres, qu'il a pris l'habitude de relever le tète, de porter au vent. Cette vicieuse manie que présente le cheval, jointe à une conformation chargée dans l'avant-main, veut que l'animal est très lourd à la main du conducteur, qu'il cherche souvent à gagner de l'avant, insensible qu'il est à l'action du mors. Les exemples de chevaux annamites qui s'emballent ne sont pas rares en effet. Ce défaut assez grave, a donc pour causes réunies la conformation, le caractère des sujets, et l'éducation de la bouche de ces derniers.

En certaines circonstances, le caractère seul du cheval, peut nous réserver des surprises pendant le travail ; l'animal se montrant en général très butté, opposant la force d'inertie, même après un dressage complet. Si j'avance ce fait, c'est à la suite du dressage en haute école de plusieurs chevaux du pays. Les airs de manège que j'exigeais, quoique non compliqués (pas espagnol, quelques foulées de passage), étaient rapidement appris par les chevaux en dressage. Suivant mes habitudes, je récompensais par une caresse tout mouvement bien exécuté. Il n'était pas rare que l'animal, après avoir été flatté de la main, ou de la voix, ne refusât quelques instants après de refaire le même mouvement. Une petite lutte devait s'engager avec lui, et ce n'était! qu'au bout de quelques instants que je pouvais compter sur un travail relativement soumis. J'ai essayé par contre la persuasion, c'est-à-dire mener mes montures avec un peu de rudesse, ne les caressant jamais, me contentant de ne pas me servir de la cravache ou de l'éperon, lorsque pour un mouvement commandé, il y avait en entière obéissance. Cette façon a été la seule qui véritablement ait été fertile en bons résultats.

Une conclusion à cela, c'est que le cheval annamite redevient distrait ou indépendant, se met en dehors du travail qu'il exécute, sitôt qu'il sent le cavalier faiblir un seul instant. Cette interprétation pourra sembler un peu exagérée ; elle est pourtant née en moi après expérience et malgré mon naturel de caresser plutôt dans le dressage. J'ajouterai, qu'en indiquant une façon d'agir énergique, je ne préconise nullement la brutalité dans le dressage du cheval annamite.

Voyons maintenant les défauts engendrés par la *conformation*.

A propos du caractère, j'ai déjà signalé que la lourdeur de l'avant-main est une source de difficultés dans la conduite des sujets. A côté de cela il faut également citer le manque de garrot, l'épaule droite, défectuosités qui font que les membres antérieurs sont chargés, que les réactions sont plus fortes, plus répétées, et qu'elles ont lieu directement presque en dessous de l'assiette du cavalier.

La conformation veut encore que la jambe du cavalier soit très peu en contact avec le corps du cheval. Pour le moindre mouvement latéral, le centre de gravité étant mis en dehors de la base de sustentation, une demi-rotation du corps de l'animal tend à se produire, sans que la personne qui monte puisse par les aides empêcher le tourner, Ce manque de liant, que l'on constate, est doublé de l'inconvénient sérieux, qui veut que la selle n'est pas toujours très stable sur le dos de l'animal qu'elle a une tendance à tourner. Ceci se produit à cause de la forme arrondie de la côte et parce que la région dénommée passage des sangles n'est pas assez bien marquée sur le cheval du Tonkin.

La taille est aussi, et on le conçoit facilement, une source de petits ennuis pour de grands cavaliers. Pour eux, le centre de gravité étant encore plus mal placé, l'animal donne la sensation de se terrer, de fatiguer à chaque foulée de pas.

Le cheval petit est très dificile à utiliser à des allures vives, soit au trot, soit au galop. La fatigue pour la personne qui est en selle est très importante, vu que le nombre de pas est très grand pour une distance déterminée.

Le cheval du Tonkin est peu commode pour franchir des obstacles sérieux ; il ne l'est pas davantage pour de grands cavaliers à des descentes rapides, attendu que ces derniers reçoivent sur leurs talons, des chocs par les sabots de leurs montures. Dans les descentes également la vitesse du cheval est très ralentie : elle l'est même à un point tel, qu'il est proverbial au Tonkin, que pour faire une route assez vite, il y a lieu de faire toutes les descentes à pied.

La taille veut en outre, l'utilisation d'un harnachement de dimensions un peu réduites, pour éviter les blessures. Ceci est une nouvelle cause de fatigue pour le cavalier se servant d'une selle dont le siège est souvent trop petit pour lui.

Les défauts que le *tempérament* nous fournit sont peu nombreux. A signaler seulement, le peu de résistance des animaux aux températures basses ou sèches, lesquelles déterminent sur eux des congestions souvent très préjudiciables. Vient ensuite la tendance des sujets à prendre la graisse ; or ce défaut est, on le sait, tout en favorisant les mouvements congestifs, nuisible à l'utilisation d'un animal de travail.

PLANCHE V

Kérinon. — Pur sang annamite, 1 m. 26, alezan foncé (étalon à la jumenterie de Nuoc-Hai).

PLANCHE VI

Mata. — 1ᵐ 25, gris très clair (appartient au lieutenant Combeau du 3ᵉ Régiment de Tirailleurs tonkinois).

PLANCHE VII

Soc-Giang. — 1^m 20 Alezan crins lavés (cheval faisant un service de bât).

PLANCHE VIII

Namao. — 1ᵐ 23, isabelle (Étalon à la jumenterie de Nuoc-Haï; né dans la province de Caobang; gagnant de nombreux prix en courses dont beaucoup en obstacles.

Au sujet du tempérament du cheval annamite, je me permettrai de dire un mot, sur les robes claires fréquemment retrouvées sur lui.

Nous le savons par expérience, et tous les peuples sont ià pour nous en fournir les preuves, soit par des légendes, soit par les faits constatés, dans toutes les races de chevaux, la couleur foncée du fond de la robe est un indice d'énergie Dernièrement encore, M. Kieser nous fournissait une intéressante étude sur cette adaptation au milieu, indiquée par la robe que prend un animal. Les robes claires, lavées, les robes pies, ont été considérées comme portées par des individus dégénérés. L'étude, que je cite plus haut, faite d'après le Stud book Allemand et Wurtembergeois, nous en donne la raison. Les organismes résistants, armés pour lutter contre le milieu, capables d'énergie au maximum, n'ont pas besoin d'absorber des rayons ultra-violets pour leur bon fonctionnement ; aussi, les robes foncées apparaissent sur les sujets les mieux adaptés. " La domestication interviendrait de même pour changer la couleur des robes ; le cheval anglais prend, à la suite des soins assidus dont il est l'objet, une robe alezane ".

Le cheval annamite se présente à nous avec des robes le plus souvent claires. Celles que nous trouvons sur lui sont, par ordre de fréquence : le gris 29.39 %, le bai clair ou châtain 20.51, le bai ordinaire ou foncé 15.52, l'isabelle 13 18, l'alezan clair ou lavé 10 45, l'alezan ordinaire ou foncé 5.51, le louvet 3.12, le pie 1.66, le noir mal teint 1.56, le souris 0.97, l'aubère 0.68, le rouan 0.59. Soit 79.49 % de robes claires ou lavées pour 20.5 % de robes foncées.

Le pourcentage ainsi établi l'a été après un examen que j'ai fait de 1026 juments du pays, dans la province de Cao Bang, où déjà depuis longtemps les étalons sont de robe foncée.

Je n'insisterai donc point, et me contenterai de conclure à la dégénérescence du cheval Tonkinois.

IV

SA NOURRITURE

Au sujet des qualités du cheval du pays, j'ai déjà signalé sa rusticité. Depuis le bas âge l'estomac de l'animal a été fait aux privations. Nourri pendant la saison des pluies avec de l'herbe qu'il trouve aux environs des habitations, il consomme en hiver les chaumes de paille de riz laissés dans les rizières, certaines pousses dans des haies de natures diverses, des tiges feuillées de bambous dans certains centres, quelquefois des patates, des tiges de roseaux, etc...... Rarement, à moins que le cheval ne soit la propriété d'un Européen ou d'un riche indigène, il ne consomme de grain. Celui-ci, d'ailleurs, augmente assez vite la sanguinité de son organisme, puisqu'il est une idée bien propagée dans le milieu indigène qui élève, et se sert communément des chevaux c'est que ceux-ci ne sont pas très soumis lorsqu'ils consomment journellement du paddy. La race chevaline se nourrit donc, dans les régions où elle est produite, de mauvaises denrées fourragères presque exclusivement. Celles-ci, sauf les bambous, sont pauvres en matières nutritives : aussi, la ration journalière d'un animal compense à peine le calorique que le travail a brûlé.

En envisageant toutefois la quantité de fourrages consommés par le cheval du pays, nous sommes surpris de la proportion relativement élevée des denrées qui sont nécessaires à son entretien. Ceci nous explique l'aptitude de l'animal à prendre la graisse, dès qu'il est nourri d'une façon rationnelle, vu l'emmagasinement par lui d'une grande énergie potentielle alimentaire.

D'une façon générale, les denrées produites dans le pays et que pourrait consommer l'animal, sont excellentes au point de vue de leur composition chimique. Les éléments azotés y figurent en quantité notable. Seules, les matières grasses sont peu représentées, mais est moins nécessaire que celles des autres éléments : ceux-ci pouvant subir dans l'organisme des transformations chimiques, qui donneront de la graisse. Le paddy est un très bon grain, pouvant être comparé à l'avoine et à l'orge à tous les points de vue ; la paille de riz est également excellente. Les tiges feuillées de bambous constituent une denrée fourragère non moins bonne ; elle est très appréciée des animaux, et remplace avantageusement le foin, qu'il est assez difficile de produire dans le pays.

L'eau de boisson donnée aux animaux n'est pas toujours exempte de critiques ; prise dans des mares ou dans des rizières, elle est plus ou moins terreuse. Elle n'est chargée de matières organiques qu'exceptionnellement, lorsqu'elle provient, par exemple, de ruisseaux alimentés par l'eau de pluie tombée sur des mamelons herbeux ou des parties boisées. Si cette eau ne détermine pas d'accidents digestifs, c'est qu'elle est ingérée, la plupart du temps, en petite quantité, par les animaux qui ont l'occasion de boire souvent, car ils ont toujours des mares ou des points d'eau à proximité des endroits où ils viennent pâturer.

En résumé, vu la bonne composition générale des denrées que devraient consommer les chevaux du pays, l'organisme de ceux ci n'aurait pas dû subir cette dégénérescence typique qui a voulu que peu à peu la race se rapetisse.

L'indigène producteur a peur, la plupart du temps, ed'un cheval énergique ; or, celui dont il doit se servir, de par son éducation mal surveillée, n'est utilisable par lui qu'à deux conditions : c'est qu'il soit monté de très bonne heure et qu'il ne subisse pas l'influence d'une alimention riche. Ces deux causes réunies, ont engendré cet appauvrissement du système squelettique malheureusement constaté à l'heure présente.

Je n'irai pas avancer que sans cela, le cheval annamite serait de grande taille, car le format de l'animal ne le permet pas ; mais il serait plus grand assurément, et sans aucun doute le cheval du Tonkin aurait une taille courante de 1ᵐ 25 à 1ᵐ 30. Ce qui me porte à dire cela, c'est la facilité avec laquelle, certains sujets adultes, nourris abondamment, prennent de la taille. Comme exemple, je citerai : 1° Un cheval de 6 ans de 1ᵐ 17, qui à 7 ans avait 1ᵐ 22. 2° Un cheval de 8 ans de 1ᵐ 23, qui 6 mois plus tard avait atteint 1ᵐ 25. 3° Un cheval de 3 ans de 1ᵐ 18, qui 10 mois après son achat toisait 1ᵐ 23. Ces trois chevaux ont été ma propriété personnelle et ont consommé de très fortes rations journalières, dans lesquelles entraient jusqu'à 7 kilogrammes de paddy.

En analysant ces quelques exemples, il m'est donc permis de dire que si le cheval du Tonkin consommait dès son jeune âge une nourriture alibile, il posséderait aujourd'hui une taille plus élevée.

V

SON HABITAT

C'est dans les régions montagneuses des provinces du Tonkin, de l'Annam, les provinces chinoises limitrophes, que vit communément le cheval dit " annamite ". Ce n'est que parvenu à l'âge adulte qu'il est dirigé vers le Delta ou près des grands centres, pour y être utilisé comme cheval de selle ou de voiture. Son habitat normal est donc la Haute Région. C'est là qu'il naît, qu'il s'élève, qu'il atteint son complet développement. Le climat dans lequel il vit est un climat chaud et humide en été, assez froid et humide en hiver ; autant dire un climat assez dur pendant tout le cours de l'année.

C'est au fond de cirques rocheux, dans des vallées plus ou moins encaissées, que les habitations indigènes sont placées. Le cheval généralement est installé sous la case servant de logement à son propriétaire. Son écurie se compose d'une cage située dans un coin du vaste hangar, représenté par le rez-de-chaussée de l habitation, et qui sert à loger les buffles et les bœufs. Les parois de la stalle, affectée au cheval, sont constituées par cinq ou six traverses en bois horizontalement placées. Le sol de la cage écurie, surélevé de 10 ou 12 centimètres au-dessus du terrain proprement dit, est fait de planches de 4 ou 5 centimètres d'épaisseur. L'écurie est donc installée d'après des idées économiques, afin d'éviter les blessures par les fauves, et aussi pour obvier à l inconvénient, pour l'indigène plutôt indifférent, d'avoir à fournir de la litière à son cheval. L'hygiène des écuries est, d'après la situation de ces dernières, assez mauvaise. Le cheval vit dans une atmosphère de purin, de fumier, enfermé qu'il est dans un espace assez restreint, avec de nombreux buffles parfois. Le fumier de ceux ci n'est que très rarement enlevé de l'étable : il vient augmenter la mauvaise hygiène générale des sujets à l'écurie. Heureusement pour les chevaux, que la vie en liberté leur est accordée pendant la majeure partie de la journée.

VI

MODE DE REPRODUCTION

La reproduction du cheval au Tonkin a laissé à désirer depuis de très nombreuses années. Dans la Haute et Moyenne Région, l'animal a été toujours produit sans aucun souci d'amélioration ou de conservation de la race. A l'heure actuelle, le cheval annamite est un animal dégénéré, ainsi qu'en font foi sa taille réduite, les robes claires, lavées, plus ou moins bariolées qu'il présente.

Avant la conquête du Tonkin, la production du cheval semblait être suffisante pour les besoins de la population. L'absence de routes et de pistes convenables, voulait que le cheval fût peu utilisé. C'est seulement dans certaines régions, limitrophes de la Chine, que des convois de chevaux de bât assuraient les transports des marchandises. Mais, les transactions commerciales étant relativement peu importantes, l'utilisation des chevaux se faisant dans la région même où ils étaient produits, furent deux conditions qui voulurent que l'élevage ne fût pas poussé intensivement. Dans les grands centres du Delta également, les opérations commerciales avaient lieu surtout par chaloupes et sampans : la chaise à porteurs et le pousse-pousse étaient aussi les véhicules préférés des mandarins et des riches indigènes ; il n'était donc point besoin d'un grand nombre de chevaux pour les grandes agglomérations.

Avant notre arrivée dans le pays, la faible production, que nous constatons aujourd'hui, était donc suffisante. Elle ne l'est plus maintenant, que les besoins ont augmenté dans les grandes villes et que nos divers services ont fait dans la Haute-Région, l'acquisition d'une grande quantité de sujets pour remonter leur cavalerie. De nombreux chevaux se trouvent réunis dans les écuries de l'armée, dans celles de certains industriels ou agents de transports, de particuliers n'utilisant le cheval que comme agrément ou se passionnant dans le noble sport des courses. Les chevaux sont légion dans les grandes villes, et les besoins sonte els, que c'est à grand peine que l'armée peut se procurer less animaux qui lui sont nécessaires chaque année.

L'élevage du cheval, ainsi que je l'ai déjà dit, n'a lieu que dans la Haute Région Tonkinoise. C'est toujours dans la partie montagneuse, dans les cirques rocheux, que l'indigène a produit le cheval.

En recherchant comment la reproduction a été assurée, ce qui frappe, c'est que les éleveurs Tonkinois n'aient pas à un moment donné compris la nécessité de faire face aux besoins de la Colonie, qu'ils n'aient pas cherché à réaliser des bénéfices en améliorant les sujets, ou tout au moins en sélectionnant en partie les reproducteurs. En outre de l'insuffisance des chevaux à l'heure actuelle, il est une chose que nous constatons en effet, c'est que la qualité du cheval a diminué d'une façon très appréciable. Le mode de reproduction en a été la principale cause. L'administration en a augmenté les fâcheux effets, en n'interve-

PLANCHE IX

Petit Duc. — 1^m 22 alezan foncé (élevé dans la région de Caobang) .

PLANCHE X

Mit. — 1 m. 33, alezan châtain clair (Étalon à la jumenterie de Nuoc-Haï).

nant pas en temps opportun : car il n'a pas été assez tenu
compte, au moment des achats, de ce qui pouvait résulter en
n'empêchant pas les bons chevaux de quitter les centres de
production.

Voyons maintenant par quel mécanisme la race a périclité.

Les indigènes ont toujours eu recours, comme mode de reproduction, à une sorte de sélection, mais appliquée imparfaitement
et à certains générateurs mâles seulement. Depuis très long
temps, d'après les renseignements qui m'ont été donnés, certains chevaux entiers rouleurs se partageaient la faveur de
couvrir les femelles au moment des chaleurs. Les mâles étaient
la propriété de riches habitants la plupart du temps, ou encore,
de certains exploiteurs, qui vivaient de la redevance que tout
éleveur devait verser à la saillie de sa jument. Cette mesure
aurait dû avoir pour résultat d'atténuer, en partie, la déchéance
progressive de la race. Celle-ci dégénérait toutefois. Il suffit
pour en rechercher les causes de se rappeler un peu le caractère de l'indigène, lequel est très insouciant, très amateur de
plaisirs et passionné pour le jeu. Au moment des fêtes du Têt
les réjouissances sont nécessaires dans les familles. Or, c'est à
cette époque que la majeure partie des femelles domestiques,
arrivant en chaleur, devraient être conduites à l'étalon. Beaucoup de saillies n'avaient pas lieu en temps voulu, ou, si elles
étaient pratiquées, c'était par un cheval que'conque, à l'insu des
indigènes, pendant que juments et chevaux étaient lâchés au
pâturage sans garde aucune. En dehors de ces périodes de
fêtes, les chaleurs chez les juments étaient encore mal surveillées. Tel indigène voyant sa jument flairée ou saillie même par
un cheval de basse classe, s'apercevait seulement que sa monture demandait le mâle, et se décidait alors à la conduire à l'étalon

de choix de la région. Souvent il était trop tard, puisque la jument avait été saillie. D'autres fois, le résultat n'était pas meilleur, car la jument ne voyait l'étalon qu'une seule fois, alors qu'elle pouvait vivre en permanence ensuite à côté de mauvais chevaux entiers. Dans d'autres circonstances le propriétaire d'une jument n'avait pas l'argent nécessaire à la saillie de sa bête. S'apercevait-il que celle-ci désirait le mâle, il profitait de la première occasion pour la livrer à un cheval quelconque de façon à ne pas perdre le bénéfice d'un poulain.

La négligence de l'indigène n'a donc pas été étrangère à ce travail de destruction des qualités de la race : elle a été même plus loin, puisque les femelles ont été mal nourries en général. Dans de telles conditions, auraient-elles été couvertes même par un étalon de choix, les produits se seraient ressentis inévitablement de l'alimentation parcimonieuse des mères.

En résumé, la sélection à laquelle je faisais allusion, a donc été mal comprise, ou exécutée avec une trop grande négligence. D'une part, elle n'a été exercée que sur un nombre restreint d'animaux, et d'autre part, les indigènes n'ont pas cherché à se mettre en garde, contre les méfaits d'un manque de surveillance des poulinières et celles-ci ont été en général mal nourries.

Ce que nous constatons aujourd'hui, c'est donc le résultat néfaste d'un élevage négligé, fait sans qu'aucune mesure, ni idée bien arrêtée ne soit venue le diriger. Le cheval est petit, mal conformé, il a subi les influences du milieu. La privation de nourriture, jointe au travail prématuré auquel sont soumis les tous jeunes animaux, ont rapetissé le squelette et usé exagérément le pauvre mécanisme présenté par le cheval Tonkinois. Les accouplements, dus au hasard, ont perpétué et fait se développer de mauvaises conformations par hérédité et par atavisme.

D'autre part encore, les achats effectués, par l'administration et les particuliers, ont enlevé aux centres de production tous les bons spécimens de la race. On a puisé, jusqu'à presque extinction, les éléments supérieurs pour le pays et cela dans un milieu peu productif. On eût véritablement, sagement agi, en règlementant les achats. Certains sujets médiocres auraient pu rendre des services dans les centres alors que ces mêmes sujets sont deve-nus inévitablement les générateurs, dans les milieux d'élevage, par le choix effectué aux achats qui enlevait tous les beaux chevaux. Lorsque les commissions de remonte ont opéré dans la Haute-Région, pourquoi après avoir acheté quelques sujets d'éli-te ne les a-t-on pas laissés entre les mains de riches indigènes, avec charge de les employer à la reproduction.

Dire qu'il n'a rien été fait serait exagéré. Ce qu'il est juste d'avancer, c'est que l'on a agi trop tard.

L'autorité émue à un moment donné de la disparition subite de sujets de qualité, chercha à pallier à la dégénérescence de la race. Dès 1892, un conseil des Haras fut institué par Monsieur le Gouverneur de Lanessan, pour étudier la question. Des jumen-teries privées furent créées en 1896, auxquelles le Gouverne-ment assurait de très grands avantages pécuniaires. Malgré cela, aucun progrès ne se fit encore sentir.

(Voir Rapport sur le service Vétérinaire zootechnique et des Epizooties de monsieur Le Vétérinaire Principal Lepinte, extrait du Bulletin économique no 74 et 75, septembre, octobre, no-vembre et décembre 1908).

Il fut aussi envoyé des étalons dans certaines régions.

Déjà vers 1901 des reproducteurs de l'administration faisaient la monte dans plusieurs postes, mais très peu de juments étaient couvertes par eux à cette époque. Les femelles étaient dissémi-

nées un peu partout, elles étaient trop nombreuses, et présentées
à l'étalon en trop grand nombre, amenaient un surmenage chez
celui-ci, le rendant sans énergie à la monte. Beaucoup de saillies n'amenaient aucun résultat ; par contre coup, une réputation
de mâle infécond, s'établissait sur le cheval et le faisait délaisser

Plus tard, des primes à la saillie furent installées. L'appât de
l'argent eût pour conséquence que certaines juments furent dé-
placées, pour être conduites vers les stations de monte. Là, sé-
journaient encore les étalons de jadis, ceux dans lesquels on n'a-
vait aucune confiance. Le résultat fut le suivant : les indigènes
éleveurs faisaient saillir leurs juments par un animal du pays
appartenant à un des leurs, auquel ils avaient à payer un droit
de monte : pour s'acquitter de celui-ci, rien n'était plus simple
pour eux que de venir toucher ensuite la prime que l'administration accordait. D'autres propriétaires, plus audacieux, se ren-
daient avec leur poulinière dans chacune des stations de monte
d'une région, touchant ainsi plusieurs fois la prime. La poulinière
refaisait même deux ou trois tournées présentée par un nouvel
indigène à chaque fois. Cette manière de faire commença en 1905
et se pratique encore dans certaines régions. Pourtant les primes nombreuses et assez élevées, accordées tant à la saillie
des juments, qu'aux produits issus des accouplements, auraient
mérité un meilleur accueil de la part des indigènes.

Mes efforts, depuis deux ans environ, tendent à rallier dans
la région de Cao-Bang, les éleveurs possesseurs de juments à
notre cause ; j'ai pu me rendre compte que leur indifférence
venait de leur croyance très réelle, que les étalons de l'administration étaient moins bons que les leurs.

Avec la règlementation des primes, aucun progrès sensible
ne fut constaté dans l'élevage.

Au début de 1906, tout était au même point qu'en 1901, avec toutefois des dépenses supplémentaires pour le budget de la Colonie. Il n'y avait pas de chevaux, leur valeur était médiocre, les sujets de conformation régulière n'étaient produits que très rarement.

Il faut tenir compte aussi, en plus de la négligence indigène, de la qualité des étalons de l'administration, qui pendant 5 ou 6 ans furent mis à la disposition des provinces. Les idées répandues avaient un semblant de raison comme on va le voir. Les étalons étaient expédiés par les Etablissements Zootechniques d'Hanoï, et provenaient en grande partie de divers accouplements, faits en croisant la jument annamite avec des étalons d'importations diverses (bretons, polonais, landais, arabes) ; ou bien dans d'autre cas, c'était des étalons importés et déjà vieux. Les sujets en général étaient médiocres, les mieux réussis, restant à juste titre dans l'établissement producteur. De par leur origine, de croisement ou de race étrangère, l'atavisme voulait qu'ils fussent moins résistants dans leurs rapprochements avec les juments indigènes, ils se trouvaient par conséquent dans un état d'infériorité. Leur état de mollesse provenait aussi de ce que ces animaux n'avaient jamais travaillé, même depuis leur jeune âge, et que dans certains postes ils ne prenaient jamais aucun exercice, ou étaient astreints à des marches longues, fatigantes, pendant des périodes de surmenage par la monte.

Il eût fallu que les stations soient mieux surveillées, alors qu'elles étaient dirigées par des chefs de postes, officiers ou sous-officiers, gardes principaux, qui souvent n'avaient pas toujours le temps de s'occuper des étalons, ou qui plus souvent encore, malgré tout leur dévouement et leur vouloir de bien faire, n'avaient aucune connaissance sur la matière. L'inspection des stations de monte par une personne compétente aurait eu un effet salutaire. Elle aurait mis en éveil, chez l'indigène, le but de la monte, par quelques explications qu'il eût été facile de donner aux autorités au cours des tournées ; elle aurait permis aussi de conseiller les personnes chargées des étalons.

Les observations qui précèdent, visent, cela va sans dire, les territoires, les provinces, où se trouvent des étalons. Combien de secteurs, de délégations, attendent encore après ces derniers pour assurer la monte.

Il faut avouer qu'il est très difficile de produire suffisamment de chevaux pour obtenir un résultat satisfaisant. C'est ce qui a provoqué l'état de choses actuel en partie ; surtout que cette pénurie de chevaux entiers bien conformés, a eu lieu au moment même où les besoins se faisaient sentir, où les étalons assurant la monte étaient insuffisants comme nombre et comme qualité.

Nous venons de voir les motifs de cette diminution subite, qui semble être survenue dans la gent cheval annamite. A vrai dire, ainsi que je l'ai exposé, c'est à la qualité surtout que la diminution semble s'être attaquée. Mes assertions visent le milieu producteur, car il n'en serait pas de même dans les grandes villes, où certains sujets ont subi une transformation vers le mieux, à la suite d'un travail intensif et d'une nourriture alibile nécessitée par l'entraînement aux courses.

Après avoir passé en revue les diverses qualités et défauts du cheval tonkinois, ses conditions d'existence, et son mode de reproduction, il est assez facile de se rendre compte que l'amélioration de la race est nécessaire, et qu'elle demande une règlementation sérieuse.

Le cheval que la colonie produit est un excellent cheval de service, mais non conformé pour les grandes allures, et, si celles-ci paraissent vite, j'en ai donné plus haut les raisons. Exercé au pas et même monté à poids lourds, le cheval du Tonkin peut faire de fortes étapes et être d'une utilisation très facile, même pour des Européens.

Il manque toutefois beaucoup à la race, pour qu'elle soit vraiment une race dans laquelle on puisse trouver des animaux faits pour la selle. C'est d'abord une taille plus élevée, des leviers locomoteurs faits en vitesse et en force, un dessus meilleur, une avant-main légère, facile à manier. Lorsque ces qualités manquantes viendront s'ajouter à celles que la race Tonkinoise possède déjà, nous pourrons alors compter sur des chevaux vraiment rustiques, résistants à la fatigue, capables de nous porter à toutes les allures d'un point à un autre. Ils nous rendraient de réels services tant au point de vue de la défense du pays, qu'à celui des diverses transactions commerciales nécessitant de longs déplacements. L'amélioration du cheval annamite s'impose ; comment doit-elle être comprise ? C'est la partie de l'étude que nous allons entreprendre.

IIᵉᵐᵉ PARTIE

De l'amélioration du cheval annamite

I

AMÉLIORATION EN GÉNÉRAL

L'amélioration d'une race s'entend, toute modification en bien de la machine animale, en vue de la fonction qu'elle a à remplir. On peut la définir. l'opération qui a pour but de la mettre en harmonie avec le service qu'on lui demande. Améliorer la race chevaline annamite consiste, par conséquent. à lui faire acquérir une plus grande taille, des rayons locomoteurs plus forts, plus larges. plus amples. mieux dirigés, permettant des mouvements plus faciles. plus aisés, enfin une avant-main plus légère et plus longue ; rendre le cheval plus apte, en un mot, au service de la selle. je ne parle pas du service de trait, car au Tonkin les routes carrossables ne sont pas assez nombreuses encore, pour que la traction animale puisse y être employée avec fruit. Ce n'est que dans certains centres où l'utilisation du cheval d'attelage peut être faite. Il est donc juste de ne produire qu'une seule qualité de chevaux ; les animaux de selle et de bât pouvant toujours, le cas échéant, être employés à la traction, le cheval de trait au contraire ne faisant souvent qu'un médiocre cheval de selle.

Les beautés de conformation à faire acquérir au cheval annamite sont nombreuses. Ce travail d'amélioration est donc une œuvre de longue haleine, qu'il convient de réglementer à moins de faire fausse route.

Tout d abord, et pour raisonner comme dans certains problèmes de géométrie, si nous supposons le problème résolu, que nous ayons obtenu une quantité de chevaux d'essence supérieure, à tempérament pouvant vivre dans le pays, à squelette plus grand et plus fort, qu'adviendrait-il à l'heure actuelle ? Nous constaterions une déchéance progressive qui s'établirait graduellement, comme le fait est d'ailleurs survenu partout, où l'on a voulu agir contre le climat, contre l'état du sol. L'agriculture au Tonkin est des plus primitives en tant que production fourragère. Les denrées récoltées dans la colonie, sont toutes très pauvres en substances nutritives ; l'acide phosphorique fait défaut en grande partie dans tous les éléments constitutifs du sol et des plantes. Ce qui a voulu une race chevaline de dimensions réduites, c'est donc cette pauvreté du sol. Celui-ci a commandé un squelette de faibles dimensions, des points d attache de volume réduit. C'est bien l'adaptation au milieu qui a conduit le cheval annamite à ses formes actuelles. La nourriture qui lui a été donnée par l indigène a aussi contribué pour une certaine part, à rendre cette adaptation plus impérieuse. Faiblement nourri le cheval s'est peu développé. Les exemples de chevaux adultes qui viennent à acquérir de la taille par une ration intensive ne sont pas rares en effet.

L'amélioration de la race est donc ici, comme partout, le corollaire de l'amélioration du sol. Entreprendre celle-ci n'est pas un problème très facile à résoudre, car les éléments qu il sied de donner aux terres Tonkinoises sont nombreux, et les trouver sur place est chose presque impossible. C'est donc l'importation de ces éléments dans la colonie qu'il faudrait faire d'abord, la dépense déculperait sûrement les bénéfices retirés par l'augmentation de la taille des chevaux. Quant à améliorer totalement le sol, il n'y faut point songer. Sur des champs de faibles dimensions, l'expérience peut être tentée, elle doit même l'être, pour pouvoir engendrer des types spéciaux de reproducteurs.

Une chose sûrement qui donnerait un résultat facile, ce serait de compenser la qualité des aliments par la quantité, sans préjudice du travail à faire produire, au contraire, puisqu'à moins d'accident, celui-ci devrait être augmenté pour pouvoir pousser l'alimentation.

Ce n'est pas aussi aisé à réaliser qu'à conseiller ; l'éleveur indigène se prêtant mal à notre intervention à ce sujet. Il faudrait pour cela prêcher l'exemple dans les milieux producteurs de chevaux, venir en aide par des allocations de toute nature à tout éleveur présentant un produit de belle venue. Des concours nombreux devraient réunir les animaux d'une même province à diverses époques de l'année ; des prix seraient distribués. A cette occasion, des foires périodiques pourraient être installées, améliorant les transactions et permettant à l'acheteur et à l'éleveur de réaliser des bénéfices : l'un, par la qualité qu'il pourrait exiger chez les produits dont il se rendrait acquéreur et l'autre, par la facilité d'écoulement de ses animaux. Dans le but de rendre plus importantes ces réunions de chevaux, les primes dont je parlais plus haut, pourraient être données sous formes d'indemnités de route aux indigènes ; cette façon de procéder permettrait l'installation des foires dans les grands centres, où les opérations d'achats et de ventes seraient plus sûres. Les dépenses, quoique un peu fortes, seraient compensées en peu de temps par les bénéfices que l'on retirerait : on améliorerait assez vite par l'émulation qui naitrait chez les éleveurs. Ce qui me porte à parler de ceci, c'est que j'ai pu déjà constater à Nuoc-Haï, que certains indigènes possesseurs de juments poulinières médiocres, et que je leur signalais comme telles, s'en sont débarrassés immédiatement pour en acquérir de meilleures, afin d'obtenir des produits de valeur supérieure.

II

SELECTION

Les mesures qui précèdent seraient aussi excellentes à un autre point de vue ; elles permettraient à l'administration de prélever les meilleurs sujets en vue de la sélection vraie et raisonnée qui doit diriger le travail de perfectionnement de la race chevaline annamite pure. Les chevaux entiers de choix, certaines poulinières à conformations réussies, de taille au-dessus de la moyenne, seraient achetés pour être entretenus sur les terrains d'expériences dont je parlais plus haut. Leurs accouplements voudraient qu'en quelques années, nous ayons obtenus un certain nombre d'éléments à la reconstitution du meilleur type existant. Poussés par une nourriture intensive les produits de ces sujets seraient abandonnés de l'âge de trois à 8 ans à des personnes faisant courir, ou même à certains services spéciaux de la Colonie, pouvant les soumettre à un travail astreignant et régulier. Leur développement par deux gymnastiques fonctionnelles, travail et alimentation combinés, aurait lieu à coup sûr. Dès l'âge de 8 ans, ces animaux seraient livrés exclusivement à la reproduction. C'est la façon pratique, à l'heure actuelle, de restaurer en partie cette vaillante race de chevaux du

Tonkin que nous venons d'étudier. C'est la sélection vraie qu'il faut appliquer, pour conserver quelques beaux spécimens de la race.

Si la population chevaline du pays était suffisamment dense, la seule mesure ci-dessus en exclurait toute autre, car elle amènerait un résultat certain, durable, si l'on avait soin de pratiquer l'amendement du sol. Celui-ci pourrait avoir lieu de suite et les produits, issus des premières saillies à venir, retrouveraient déjà le bénéfice d'une alimentation meilleure. Ils se développeraient mieux, leur énergie digestive serait plus forte, le travail de transformation des éléments nutritifs commencerait à donner au squelette de meilleures dimensions ; la taille se ressentirait du changement dans l'état du sol. Adultes, les mêmes sujets poussés au travail, nourris abondamment, pourraient avec juste raison être utilisés comme reproducteurs, si leurs conformations ne laissaient pas trop à désirer. Jusqu'au jour où les beaux individus seront suffisamment nombreux, le même travail de forçage en nourriture devrait être poursuivi. Il nous permettrait d'arriver, par la sélection à écarter tous les débris de la reproduction. Le temps, qui nous sépare de celui où nous serions satisfaits, aurait suffi à un amendement des terres, pour que les bons sujets obtenus, n'ayant plus à craindre l'action néfaste du sol, puissent être conservés intacts. Mais la sélection devrait continuer toujours, et l'amélioration des prairies être poursuivie en partie,

Au sol, il devrait être restitué les éléments que la machine animale, pour se développer, lui aurait enlevé.

Le problème de l'amélioration de la race par la sélection, quoique très long, est assez facile à résoudre. II est nécessaire, et c'est faire œuvre utile, que d'engager dans ce but des dépenses, mêmes élevées.

Par la sélection et l'amendement du sol, nous arriverons à reprendre les derniers vestiges de la race, à les transformer, à les parfaire, à obtenir enfin ce que le cheval annamite doit être pour l'opération de croisement.

III

CROISEMENT

Il est de première nécessité, dans tous les pays dont la cavalerie est insuffisante pour les besoins de la défense ou du commerce, de chercher, par les importations, à pallier au manque d'animaux. Au Tonkin, nous nous heurtons à cette pénurie de chevaux, depuis de nombreuses années déjà. Les services militaires demandent relativement peu à la Colonie, puisque, à part des chevaux de selle et des chevaux de bât, les animaux d'attelage ont toujours été amenés de la métropole. Néanmoins, la remonte ne se fait qu'imparfaitement en temps ordinaire, d'où la conclusion aisée, c'est que les chevaux font défaut en partie. L'importation des animaux s'impose donc.

Comment devons-nous choisir les sujets à introduire dans la Colonie ? Dans quelle race de chevaux doit-on aller les chercher ?

Depuis longtemps, de multiples idées ont été émises à ce sujet. On a vanté diverses races, comme on a aussi jeté le discrédit sur certaines autres. Quelques importations ont été faites, après lesquelles on n'a éprouvé que des déboires. Et pourtant le contraire aurait été fait pour nous surprendre. Ne savons-nous pas, en effet, que le sol Tonkinois nourrit imparfaitement la race même du pays ? Ne sommes-nous pas prévenus, par les résultats obtenus partout, qu'un sol s'appauvrit lorsqu il ne reçoit pas annuellement les principes minéraux qui lui sont enlevés par la population animale et les végétaux qu'il nourrit ? Dans notre colonie, les fortes pluies de la saison chaude viennent aussi laver les terres, leur enlevant leurs éléments de choix. Pourquoi s'étonner donc, qu'une race de taille plus élevée que celle du pays, subisse l'action néfaste d'un sol pauvre, que les individus qui la représentent, vivant sur leurs éléments constitutifs, ne dégénèrent rapidement

Toutes les importations conduiront par conséquent aux mêmes constatations. Les chevaux introduits dans la colonie, de par le fait de l'acclimatement et du manque de substances nutritives réparatrices dans les denrées, sont condamnés à disparaître à une échéance plus ou moins longue. Les besoins motivant les importations, c'est à nous de chercher à conserver les sujets amenés le plus longtemps possible.

La race de chevaux qui se comporterait le mieux au Tonkin, serait celle qui serait élevée dans les mêmes conditions de rusticité que celle du pays, et qui, d'une petite taille, serait peu exigeante. Elle est d'abord à trouver, et, existerait-elle, nous n'aurions pas un intérêt bien saillant à son utilisation, puisqu'elle ne grandirait en rien notre cheval indigène.

Le problème se résout donc à importer une race de moyenne taille à laquelle nous infuserions dans le plus bref délai le sang annamite, pour diminuer les mauvais effets de l'acclimatement. Nous l alimenterions d'importance pour la maintenir pour le mieux. Par le nombre de ses individus, elle viendrait grossir celui des chevaux de la Colonie. Cette race serait destinée au croisement avec le cheval de pur sang annamite sélectionné.

Dans notre choix il y a donc lieu, de faire la part des affinités de la conformation importée avec celle que nous rencontrons sur le cheval du pays. Le cheval arabe des montagnes de Tunisie, dits " des Mogods ' est celui qui, à mon point de vue, aurait dû, à l'exclusion de tout autre, avoir notre faveur pour le croisement à effectuer. C'est un animal d'une taille variant entre 1 m 25 et 1 m 45 au maximum, de robe foncée, généralement bai brun ou noir, trapu, près de terre, avec un dessus impeccable, un corps de machine amplement développé. Sa tête est expressive, son encolure est moyennement longue, bien dirigée. Ce cheval est très rustique ; il vit sur les sommets des montagnes de la région minière de Béjà (Tunisie), très pauvre en pâturages. Quoique n'ayant que très peu de nourriture à absorber il se maintient presque toujours en bon état d'entretien. Son aptitude au travail est merveilleuse ; il est très adroit et parcourt de longues étapes avec parfois deux cavaliers de 60 kilos chacun sur le dos. Ce cheval des Mogods, qu'il me fut permis en 1900, non de découvrir, mais de signaler à l'attention des autorités de la région où il est trouvé était jadis peu prisé ; pour une somme de 70 à 80 f. on pouvait aisément faire l'acquisition d'un beau spécimen. Depuis cette date, j'ai appris avec plaisir que la race de poneys que j'avais vantée avait un stud book, et que certains sujets atteignent maintenant la somme de 1200 à 1500 francs au prix de vente : c'est dire la valeur de ces bons petits chevaux.

je citerai à l'appui de cela un extrait de la Dépêche Tunisienne où sous le titre « Poneys Tunisiens » il est dit : « *L'Afrique* « *Française, parlant du Concours général agricole remarque l'énor-* « *m'succès qu'y obtint la section chevaline et surtout l'exposition de* « *poneys. Ce journal vante ensuite les qualités des poneys de Béjà, très* « *appréciés des joueurs de Polo......* »

D'autre part M. F. Caze de Caumont dans son article sur le Polo

(Les Sports modernes illustrés de Larrousse) nous dit en parlant des chevaux aptes à ce sport : « *Les officiers anglais de Malte* « *viennent en général chercher leurs poneys en Tunisie, principalement* « *dans les Mogods, dans la région de Bizerte, mais ces poneys trapus* « *et résistants atteignent rarement une taille supérieure à 1m 44 ou* « *1 m 45.* »

Leur conformation est véritablement empreinte de beautés, pouvant être alliées, comme amélioratrices, aux défauts retrouvés à l'étude extérieure du cheval annamite. J'ajouterai même que, partout où ce dernier nous montre des défectuosités, le premier laisse voir des régions de premier ordre. La taille peu élevée, la rusticité que le cheval des Mogods possède, sont encore deux qualités qui le font désigner pour l'importation au Tonkin. Evidemment, le climat de cette dernière colonie est tout différent de celui du Protectorat Tunisien. Le semblant de difficulté consisterait à faire adopter le nouveau milieu au cheval arabe en question. En prenant la sage précaution de l'installer dans les Hautes Régions Tonkinoises, il n'est point de doute que l'influence du milieu serait très amoindrie, et que notre race de croisement n'aurait pas trop à souffrir dans son nouvel habitat.

En s'adressant au contraire à certaines autres races de chevaux, quel est le résultat que nous obtiendrions ?

Le cheval anglais est trop délicat, il exige une nourriture trop abondante, sa taille serait trop différente de celle du cheval annamite et les produits obtenus seraient à coup sûr décousus, à squelette fragile.

Les chevaux de trait ne donneraient pas plus de satisfaction ; leur masse ne se développerait qu'imparfaitement ; ce serait aussi alourdir le corps de machine du cheval annamite et en surcharger les rayons locomoteurs, que de choisir un animal de gros comme améliorateur.

Il nous reste encore parmi les animaux légers de la métropole, les chevaux des Landes, ceux de la Camargue, ceux de Tarbes.

Les deux premières races sont les seules qui, par leur taille, pourraient donner un résultat appréciable. Mais combien de chevaux landais et camargues purs trouvons-nous à l'heure actuelle ? Très peu, environ un millier de chaque variété ; car les éleveurs des pays producteurs, peu satisfaits des races pures dont l'écoulement était presque impossible, les sujets ne se vendant plus que pour le dépiquage des moissons et les courses de taureaux, à des prix très minimes, ont cherché à les améliorer. Les sangs anglo-arabe, anglais, breton ont été infusés à ces chevaux. Notre choix, à l'heure présente, aurait des chances de s'effectuer sur des sujets de croisement. Mais analysons les types des Landes et de la Camargue de pur sang.

Tous deux sont caractérisés par une moyenne taille variant entre 1m 15 à 1m 40 pour le Landais, 1 m 25 à 1m 45 pour le Camargue ; ce sont tous deux, des chevaux rustiques, élevés qu'ils sont dans des plaines marécageuses, n'ayant pour toute nourriture que les plantes grossières, poussant à l'état naturel sur un sol appauvri. Ces animaux, qui peuvent en certaines saisons se substanter assez facilement, trouvent juste de quoi ne pas mourir de faim, au grand cœur de l'hiver, alors que les gelées ont fait disparaitre la végétation de la surface du sol. Ces chevaux sont aussi capables de fournir un travail très pénible.

Passons à leur conformation. Elle est loin d'être séduisante : l'analyse des régions nous fait entrevoir plus de défauts que de beautés réelles.

Ce sont des animaux taillés à coup de hache pour employer une expression vulgaire. Leur tête est généralement lourde, chargée en ganaches, plaquée sur l'encolure ; les yeux qui la parent sont petits, mal dirigés, peu expressifs. L'encolure des animaux est, ou renversée et courte chez le landais, pour rester quoique maigre ou massive, courte également chez le cheval du Delta du Rhône. Le garrot est assez saillant dans la première race, il reste un peu bas, charnu sur la deuxième ; le dessus est bon généralement, quoique le dos de carpe est commun chez le landais ; le rein sur le Camargue est sensiblement long. La croupe chez les deux est toujours défectueuse, courte, coulée et la queue est plantée bas. La cuisse non descendue est étriquée à sa base. L'épaule est droite peu musclée, la côte est plate.

Les membres souvent légers chez le Landais, ayant un volume un peu plus important chez l'animal de la Camargue, ont des défauts qu'il convient de ne pas passer sous silence. Les avant bras sont peu musclés et peu longs ; le genou de ce fait est haut placé ; cette articulation souvent rejetée en arrière est resserrée à la base ; à sa suite prend naissance un canon long et peu large ; le tendon est légèrement failli.

Les paturons antérieurs sont souvent longs jointés. Les coudes sont près du corps et les aplombs sont panards. Quand aux membres propulseurs, ils ne sont pas plus séduisants. Les jarrets sont étroits, clos, souvent coudés, leurs pointes sont déviées vers le centre et établissent des aplombs postérieurs dits en "pied de banc".

Telles sont les deux races de chevaux purs sans croisement ; elles se présentent toutes deux avec des robes où la couleur claire est dominante.

A vrai dire, nous n'avons donc pas de raisons pour importer au Tonkin des chevaux de ces types; ce serait vouloir augmenter, en les combinant, la plupart des défauts de conformation et infuser à notre race tonkinoise dégénérée, le sang de races très appauvries, dégénérées elles-mêmes.

S'adresser à une race Landaise ou de la Camargue améliorée, ne nous donnerait pas un meilleur résultat, puisque les croisements n'ont pas encore une conformation bien fixée. Le commencement de l'amélioration réelle de ces chevaux est de date relativement récente ; les divers croisements qui ont été faits déjà depuis longtemps, l'ayant été généralement sans aucune méthode et sans suite.

Le cheval dit, de Tarbes, n'aurait pas un grand avantage sur l'arabe lui-même. Il est le résultat de l'anglo arabe et du cheval d'Afrique, ce dernier importé dans le midi de l'Espagne au moment de la conquête par les Maures et modifié par l'adaptation au milieu. L'anglo-arabe est encore le résultat de l'anglais, cheval oriental modifié par l'entrainement, et de l'arabe pur. C'est donc toujours le cheval arabe, transformé, modifié, que nous prendrions en important des chevaux Tarbais. Le meilleure réussite sera sûrement obtenue par l'utilisation du sang pur arabe, car alors, nous· aurions en jeu dans les accouplements, deux races pures indemnes de croisement.

D'autres races, prises en dehors du pays de France, pourraient également, aux dires de certains, avoir une chance de premier ordre dans l'amélioration du cheval du pays. Ce sont : des chevaux polonais, des chevaux tartares, etc.

Les premiers sont peu recommandables, à cause de leur squelette peu dense, de leur mollesse, de leur tendance à prendre la graisse, ce qui les rend d'une utilisation difficile. Ce sont des animaux de parade, oserais-je dire, pour des personnes n'y connaissant guère.

Les chevaux tartares eux, de par leur habitat, pourraient avantageusement nous venir en aide dans le pays. Ils sont très rustiques, de taille moyenne, d'une endurance à toute épreuve.

Mais leur conformation n'est pas séduisante, leur encolure, leur croupe ont une mauvaise direction, leurs membres sont plus ou moins bien d'aplombs. Leur utilisation aboutirait à une seule chose, ce serait de donner du tempérament et non de pallier aux défauts que nous voulons faire disparaitre chez le cheval annamite.

A proximité de la Colonie, nous avons aussi les chevaux Mongols, les chevaux du nord de la Chine qui pourraient être utilisés. La rusticité étant l'apanage de ces races, la taille des animaux les composant n'étant pas très élevée, les désigneraient à notre attention. Mais en réfléchissant, nous apercevons que le format des chevaux chinois et annamites est loin d être le même ; l'un étant établi en cheval de trait, l'autre présentant plutôt la conformation, mauvaise il est vrai, d'un cheval léger. Le climat du nord de la Chine, quoique très dur, est un climat sec ; celui du Tonkin est tout différent. Des déboires seraient constatés avec ces animaux, tout aussi bien qu'avec d'autres.

Quant aux races obtenues par croisement, soit qu'elles soient réussies (anglo-normand, anglo-breton, anglo-arabe) soit qu'elles présentent en grande majorité des chevaux mal faits, décousus, sans harmonie de forme et sans résistance marquée (australiens, camargues, et landais transformés), elles doivent être délaissées ; les à-coups dans les réussites, étant proportionnellement d'autant plus certains, que les sangs mélangés sont plus nombreux.

Après avoir passées en revue les diverses races, qu'il serait susceptible d'utiliser dans les croisements, nous devons donc conclure au type arabe par. C'est le cheval dont la conformation est la mieux adaptée au service de la selle, c'est celui qui nous permettra de parfaire la silhouette du cheval annamite.

Dans la race arabe, nous le savons, nous avons beaucoup de représentants. Les divers types de chevaux orientaux sont nombreux, et c'est à une variété qu'il conviendra de donner notre préférence. Ainsi que je le disais plus haut, le meilleur cheval serait, sans conteste, le poney tunisien dit " des Mogods ", lequel, petit, près de terre, nous permettrait d'obtenir un croisement harmonieux avec le maximum de réussite et le minimum de produits enlevés, décousus dans leurs formes.

Croisement proprement dit. — Généralement, quand il s'agit de l'amélioration d'une race par une autre, c'est aux représentants mâles de la race dite " amélioratrice " que l'on s'adresse pour l'opération. On fait couvrir par eux les femelles de la race à perfectionner, jusqu'au moment où les produits ont acquis les qualités que l'on cherche à fixer. Ce n'est qu'à ce moment que la reproduction des produits entre eux est commencée. C'est là, ce qu'on appelle en termes zootechniques, faire du croisement direct ou substitutif. Il est encore utilisé une autre forme de croisement dit " croisement à rebours ... Celui-ci a lieu, lorsqu'à un moment donné, par suite d'une erreur commise, on constate un résultat défectueux, que l'on s'aperçoit que la race au lieu d'être améliorée, n'acquiert que très peu ou pas de valeur, dans les produits obtenus. Dans ce cas, on croise à nouveau en sens inverse, en cherchant par les reproducteurs mâles à infuser au plus vite, le sang de la race primitive aux produits femelles soidisant perfectionnés.

C'est à ce croisement à rebours, qu'il faut s'adresser, si nous voulons obtenir un résultat sensible au Tonkin. Le problème de l'amélioration par le croisement direct, voudrait en effet, que nous importions quelques spécimens d'étalons, que l'on accouplerait avec les juments du pays. Le résultat obtenu serait loin d'être favorable au développement de la race chevaline. Les chevaux importés, par le fait de l'acclimatement, à la suite d'un séjour sur un terrain pauvre, deviendraient peu résistants.

Les fatigues occasionnées par les saillies venant s'ajouter, déter-
mineraient chez eux un état de faiblesse générale entraînant
une quantité de saillies non productives. Cette anémie des reproducteurs serait aussi retrouvée sur les produits issus d'eux. Les
poulains et les pouliches qu'ils engendreraient seraient à coup
sûr frappés de mollesse au travail, se développeraient lentement.
Le fait serait d'autant plus navrant, qu'un étalon est appelé à
couvrir un grand nombre de femelles. Un cheval souffrant
pourrait donc donner naissance à une série de produits souffreteux.

L'expérience n'a pas besoin d'être faite d'ailleurs ; depuis
une dizaine d'années, il a été procédé à des accouplements de
juments du pays avec des étalons d'importation. Le résultat
présentement est peu encourageant (planche XI et XII) et les
faibles progrès obtenus sont la résultante de ce que j'avançais
plus haut.

Il y a encore un autre facteur, qui veut qu'au Tonkin nous
procédions par le croisement à rebours ; c'est l'augmentation de
la taille que nous voulons obtenir.

Plusieurs théories sont en jeu pour expliquer l'hérédité unila-
térale ou prépondérante, par laquelle les produits ressemblent
au père ou à la mère, suivant le cas. Toutes, avec de légères variations, en arrivent à la conclusion que la mère intervient
pour la plus large part dans la fixation de la conformation, alors
que le père donnerait les aptitudes soit au travail, à l'engraissement, à la production du lait etc ... Ceci nous explique donc,
l'avantage qu'il y a pour les croisements, d'utiliser les juments
de grande taille avec de bons étalons pris dans la race indigène.

La mise bas d'ailleurs sera plus facilement assurée, On sait en
effet, que bon nombre d'accidents au moment de la naissance des

PLANCHE XI

Esope. — Landais-annamite (de père importé) 8 ans, $1^m 22$, bai foncé.

PLANCHE XII

Faune. — Landais annamite (de père importé) 7 ans, 1 m. 23, bai châtain foncé

produits doivent être rapportés au trop grand volume du fœtus. Celui-ci a beaucoup de chances d'être proportionnellement trop développé si le reproducteur mâle est d'un volume trop supérieur à celui de la femelle. Si celle-ci est de taille petite, les organes du bassin sont exigüs ne livrant que très difficilement passage à un fœtus de fortes dimensions. Le cas ne risque pas de se produire ou exceptionnellement, lorsque la femelle est de grande taille et qu'elle a été saillie par un étalon plus petit qu'elle.

Donc, le maximum de réussite doit nous être assuré par la jument de taille supérieure à celle du cheval annamite. L'importation d'un certain nombre de femelles a aussi l'avantage de venir grossir celui des reproductrices de l'espèce chevaline indigène trop insuffisant.

Le problème du croisement doit donc véritablement se résoudre par le croisement à rebours. En effet, les grandes juments importées sont appelées, à une époque plus ou moins éloignée, à subir les effets fâcheux d'un climat pénible et d'une alimentation fournie par un sol appauvri. Notre tâche, puisqu'il y a un besoin impérieux d'importer des animaux, doit consister à infuser au plus vite du sang annamite pur à ces femelles nouvellement venues. On pourra ainsi les faire produire au maximum, à bref délai, avant qu'elles soient trop épuisées ; car fatiguées par le climat, obligées de fournir les éléments de constitution à la formation, à la nourriture de leurs produits, les juments d'importation doivent être considérées comme des sacrifiées. Cette condamnation n'est pas absolue toutefois, car nous pouvons par une nourriture très abondante, pallier un peu à la perte des reproductrices et la retarder en grande partie.

Nous aurons donc effectué le croisement avec l'idée de grandir la race du pays ; mais en réalité, le phénomène qui se sera produit, c'est que la taille de la race importée diminuera en partie. C'est ce qui motive la dénomination de l'opération que je donne en la circonstance ; " croisement à rebours ".

Des accouplements de grandes juments (s'entend de taille moyenne 1 ^{m} 35 -- 1 ^{m} 40 -- 1 ^{m} 45 au plus), avec le cheval annamite, doit résulter des produits de taille se rapprochant de celle de la jument, et d'une endurance presque égale à celle du cheval Tonkinois. Le phénomène de la grande taille du mulet hybride, né de l'âne petit et de la jument plus grande, doit être pris en considération, puisqu'il est constaté à coup sûr. Chez le mulet également, la rusticité qu'il présente lui est transmise par la ligne paternelle.

Le croisement à rebours devrait être continué et non pas n'être qu'un fait passager borné à la première génération. Les métis, issus des premiers croisements, devraient subir le sang indigène à nouveau, pendant un certain temps, pour annihiler autant que possible les effets de l'acclimatement, que l'hérédité ferait en partie se continuer dans leur descendance. Ce serait au bout de quelques générations, et avec des métis très réussis, que l'opération du métissage serait commencée. Par elle, nous obtiendrions et nous fixerions les caractéristiques de la race intermédiaire, que nous avons cherché à réaliser.

Les diverses phases du croisement à rebours, indépendamment de la qualité des juments à faire couvrir, exigent des étalons de choix. Il serait imprudent d'avancer que même des animaux bien conformés devraient nous satisfaire : nous devons exiger plus que cela encore. C'est une endurance poussée à l'extrême, si je puis m'exprimer ainsi, qu'il convient de chercher sur les chevaux que nous destinons à la reproduction. Nous voulons en effet, tempérer les fâcheux résultats de l'acclimatement que nous constaterions sur les produits nés de poulinières importées. Donc, avec une conformation donnée : animaux forts de membres, bien soudés dans leur dessus, nous devons aussi exiger un tempérament spécial. lorsque nous choisirons nos étalons. Ceux-ci bien conformés, sont difficiles à trouver poar le moment, où nous sommes sous le coup des effets d'un mauvais élevage fait pendant un temps déjà long. Nous devons chercher dans les meilleurs et c'est tout.

Je l'ai dit plus haut les bons chevaux sont dans le Delta ; ils y sont descendus déjà depuis longtemps et la Haute-Région n'en produit que de fort rares. Dans les grands centres encore, ils se sont localisés en partie. C'est dans les écuries de courses principalement que nous devons aller les retrouver. Le travail pénible de l'entrainement les a sélectionnés. Les vieux lutteurs d'hippodromes, nourris abondamment depuis longtemps, ayant déjà fatigué au maximum dans un climat très pénible, sont à coup sûr tout désignés, et malgré quelques tares apparentes pour certains, pour perpétuer.rénover le sang du cheval annamite pur.

Même à des prix élevés, l'administration devrait savoir faire l'acquisition de ces vieux serviteurs, pour les livrer à l'élevage. La sélection par les courses est d'ailleurs pratiquée. dans tous les pays. L'utilisation de bons chevaux galopeurs, comme étalons au Tonkin, est nécessaire, car les écuries ont accaparé les meilleurs sujets et le travail auquel ces derniers ont été destinés les ont éloignés à tout jamais de la reproduction.

La règlementation des courses, qui a paru en 1907. a voulu que certains chevaux soient achetés par les Haras pour la somme de 500 p. C'est un progrès réel qui a été constaté. L'interdiction de faire courir certains vieux chevaux devrait encore être rigoureusement formulée et appliquée.

Ces mesures ne doivent être que transitoires et prises seulement jusqu'au jour où l'administration possédera dans ses écuries un nombre d'étalons suffisant. A ce moment, le choix devra être plus sévère.

Loin d'être arbitraire, la règle qui voudrait que tout cheval paraissant sur un hippodrome pourrait être acheté, est à mon avis faite pour le bien commun, à la condition de rémunérer suffisamment le propriétaire d'un cheval. C'est encourager la production de chevaux d'hippodromes pour lesquels la préparation est toujours onéreuse. Le but se résumerait ainsi : à donner une forte indemnité au nourrisseur consciencieux de bons chevaux.

Il n'est point besoin de redire à nouveau, que les juments poulinières de grande taille à importer, doivent être d'un format pouvant s'allier sans à-coups trop marqués, avec celui que la race chevaline du pays nous présente. je l'ai dit. la race arabe a des variétés qui devraient nous satisfaire en tous points : taille, conformation, aptitude au travail, apport de beautés compensatrices pour les défauts à faire disparaître dans le cheval annamite.

IV

MÉTISSAGE

L'amélioration de la race chevaline au Tonkin devra être aussi poursuivie par la voie du métissage. C'est cette dernière opération qui nous permettra de fixer les variations que nous aurons voulu obtenir. Il n'est pas nécessaire de détailler les règles qui devraient la régir. Ce sont des animaux exempts de reproches qui devraient procréer ultérieurement au croisement. La sélection des métis permettra de nous satisfaire.

V

SOINS CONSÉCUTIFS A L'AMÉLIORATION

Une chose qui ne doit pas être perdue de vue dans les règles visant l'amélioration de la race chevaline au Tonkin, c'est d'abord *l'alimentation*.

Soit que l'on s'adresse aux produits de race pure, que nous cherchons à sélectionner, soit qu'il s'agisse des juments poulinières importées dans la Colonie, il faut savoir faire des dépenses dans le but de nourrir abondamment tous les sujets. L'alimentation intensive est une condition de premier ordre qui devra retenir notre attention. A ce sujet, j'avancerai le fait, que le cheval pur sang anglais, à tempérament pourtant très spécial, a pu être obtenu dans un grand nombre de pays très différents par leur climat et leurs ressources fourragères. L'échec, qui aurait pourtant dû être la résultante des expériences tentées en certaines contrées, a pu être évité, grâce à l'hygiène de l'alimentation. Ce qui s'est passé pour le cheval anglais de pur sang, sera sans nul doute constaté pour une variété de race que nous voulons établir, surtout qu'à tous les points de vue, les spécimens qui la représenteront, seront moins exigeants que les chevaux anglais.

Par une nourriture intensive, nous pouvons déjà offrir à la machine animale les éléments nombreux pour son édification, et pour la mettre en garde contre un dépérissement hâtif, motivé par le travail et une anémie due au milieu Déjà le cheval du pays, pris dès son jeune âge, absorbant du grain, des denrées de choix retrouvées dans le pays, se développerait mieux qu'il ne le fait normalement. Sa croissance aurait lieu plus régulièrement, alors que présentement nous constatons des à coups vicieux dans la poussée du squelette, puisque des chevaux adultes de 7 et 8 ans grandissent encore.

Le cheval au Tonkin devrait donc être abondamment nourri avant l'âge de 3 ans, qui marque le début du travail. Passé cet âge, la nourriture devrait aussi être très alibile, de façon à permettre un rendement au travail important et empêcher une déperdition des réserves de l'animal. La progression vers le mieux du cheval indigène se ferait à coup sûr et avec une dépense d'entretien légèrement élevée, nous arriverions à l'obtenir plus grand. je l'ai déjà dit, c'est sous forme de primes nombreuses, j'ajouterai même données en nature aux indigènes que la colonie devrait entreprendre de parfaire le cheval du pays dans les centres d'élevage Le travail est long quant à ses résultats, il n'est pas impossible.

Quel est le mode d'alimentation auquel nous devons donner le choix ?

A ce sujet, il convient de faire la part des frais que l'amélioration de l'élevage doit engendrer. Aussi, pour éviter un surcroît de dépenses que la nourriture avec des denrées étrangères occasionnerait, le plus sage est d'utiliser les produits du pays. C'est avec le paddy, les tiges feuillées de bambous et de l'herbe récoltées sur des terrains amendés, que la ration doit être constituée.

D'après mes expériences personnelles, voici à peu près le taux des rations que nous devrions adopter.

Juments d'importation

Arrivée dans la Colonie	État de gestation	Pendant l'allaitement
Paddy (par jour) pendant 3 mois 3kg.	6 iers mois 4kg.	Suivant l'état de la
do (do) 3 mois suivants 3k 500	Ders. mois 5kg.	mère 5k.5k.500.6k.
Bambous (par jour) 2 bottes (10k. de feuilles).	1 botte 1|2 par j.	2 bottes.

Chevaux du pays

Sevrage à 1 an	1 an à 18 mois	18 mois à 3 ans	3 ans et au-dessus
Paddy (par jour) 1|2 k.	1 kg.	3 kg.	4 à 6 k. progressive-ment suivant le tra-vail.
Bambous (par jour) 1|2 botte.	1 botte	2 bottes	2 bottes.

Produits de croisement

Sevrage à 1 an	1 an à 18 mis	18 mois à 3 ans	3 ans et au-dessus
Paddy (par jour) 1 k	2 k. 1|2	3 k 1|2	4 k. 500 à 6 k.
Bambous (par jour) 1|2 botte.	1 botte	2 bottes	2 bottes

Pour tous les animaux cinq heures par jour au pâturage.

A l'examen de ces chiffres, nous voyons que la **quantité de** grains à accorder aux juments est relativement faible à l'arrivée dans la Colonie. Le taux établi est basé sur l'accoutumance que l'intestin doit subir, avant de prendre un régime alimentaire différent de celui auquel il était accoutumé. C'est une sorte de régime diététique qui loin d'être préjudiciable, est très salutaire, d'après ce que j'ai pu constater, et qui ne nuit en rien pendant l'acclimatement. Au contraire, il est une sauvegarde contre les accidents digestifs qui seraient à redouter sur des animaux chez lesquels le tube intestinal, quand aux fonctions digestives qu'il a à remplir, devient paresseux dans un climat chaud, saturé d'humidité. Plus tard, les femelles étant fécondées, les désordres pendant la digestion n'étant presque plus à craindre, nous pouvons alimenter d'importance.

Les rations, telles que je les présente dans mon tableau, sont toujours proportionnellement plus élevées quand il s'agit des chevaux de race annamite ou des produits de croisement C'est que les juments sont considérées en toute circonstance comme des femelles livrées exclusivement à la reproduction, et non soumises à un travail donné. le libre exercice dans les pâturages suffisant à des poulinières.

Les chevaux du pays et leurs produits au contraire. pour parfaire leur état squelettique et acquérir de l'endurance. doivent travailler : je dirai même d'une façon sérieuse sans être exagérée.

Dans la ration également. les tiges feuillées de bambous sont prévues. Cette denrée est sans conteste le meilleur fourrage que la colonie produit. Il est très appété des animaux et peut remplacer avantageusement une certaine proportion de grains dans la ration journalière. Le manque d'état chez un animal donné peut donc être combattu par une légère augmentation de cette denrée, à un ou aux deux repas de la journée.

Quant à l'herbe que les animaux prendront aux pâturages, ou qui sera donnée à l'écurie. elle doit être considérée, comme un aliment complémentaire et de remplissage. destiné à apporter. par les plantes la constituant, certains éléments chimiques que le paddy et les feuilles de bambous sont incapabes de fournir suffisamment. C'est donc une herbe de choix, autant que possible récoltée sur des terrains déterminés.

Le sol sur lequel poussera cette herbe de pâture sera préparé à l'avance 1º par un ou deux bons labourages qui débarrasseront les terres des plantes grossières 2" par un bon chaulage fait par épandage de chaux vive à raison de 2000 k à l'hectare, 3° par de bonnes fumures à l'aide de fumier de ferme, auquel il aura été incorporé des résidus riches en acide phosphorique, tels que : cendres de fougère, poudre d'os obtenue en calcinant des os en vase clos, des débris de poils, de vieux morceaux de cuirs etc... Les terrains, si la cherté des transports n'est pas excessive, auront pu recevoir aussi des scories de déphosphorations qui, en activant la poussée des plantes, auront contribué dans une mesure idéale à l'amendement des terrains dépourvus de phosphates assimilables.

L'herbe des prairies, dont le sol aura subi une amélioration, sera constituée, en tant que composition organoleptique, par des plantes fines, à mastication et à digestion faciles. Pour cela il pourra être procédé à des ensemencements de graines fourragères de prairies artificielles de France. Cette façon de procéder permettra d'ailleurs de récolter dès la première année, et malgré les labours, sur des terres pauvres. Il est également facile de laisser pousser les plantes fines du pays, après que les labourages ont débarrassé les terrains des racines de certaines grossières graminées poussant à l'état naturel. Dans les deux cas, les prairies fourniront un foin recommandable à tous les points de vue par ses qualités. Les graminées ou les légumineuses le constituant auront puisé dans le sol les éléments phosphatés qui auront été déposés, les auront transformés au sein de leur cellules et rendus assimilables pour les animaux. Ceux-ci bénéficieront donc en toute circonstance d'une alimentation fortifiante ; les adultes trouvant dans les fourrages les éléments réparateurs, les jeunes leur empruntant les principes nécessaires à l'édification de leur squelette.

Dans l'alimentation, également, il sera tenu compte de l'eau de boisson que devront consommer les animaux. L'abreuvoir aura lieu toujours à l'eau courante. Celle-ci sera exempte de matières organiques. L'eau des mares ne devra donc jamais être utilisée pour l'abreuvement des animaux.

La question de l'eau de boisson est capitale, si l'on veut obtenir, au maximum, les bons effets d'une alimentation riche. Autant un liquide frais et pur est stimulant de l'appétit, autant celui qui est terreux, contenant des corps en suspension, est lourd, indigeste, fatiguant pour l'intestin déjà paresseux par le seul fait du climat chaud.

Les soins consécutifs au croisement seront aussi une bonne hygiène générale, qu'il ne faut pas perdre de vue. Dans les règles qui doivent la régir, il sera tenu compte des *habitations*, des *soins corporels* dûs aux animaux. Je n'irai pas ici détailler tout ce qui doit se rapporter aux précautions avec lesquelles nous devons maintenir les poulinières et leurs produits dans un parfait état de santé. L'étude serait trop longue, aussi je me bornerai à signaler les meilleures conditions d'hygiène qui jusqu'ici m'ont donné un bon résultat dans le pays.

Les écuries servant à loger les animaux doivent être très aérées, autant que possible installées sur un mamelon exposé à l'air. Cette condition doit être prise en considération et faire rejeter, par contre, l'idée qui veut que dans certaines circonstances, l'on établisse les constructions dans le but d'éviter le soleil couchant sur une des faces de bâtiments. Les rayons solaires sont un excellent désinfectant et les éloigner pour une raison quelconque, c'est vouloir au maximum conserver les germes de maladie dans les écuries. L'aération par contre est bienfaisante ; elle permet aux animaux de supporter plus aisément les chaleurs humides, qui sont toujours une cause débilitante, par l'empêchement qu'elles mettent à l'évaporation de la sueur.

Les locaux, écuries, seront installés sur le type écurie hangar, ouvert à tous les vents, ou bien leurs parois extérieures seront munies d'ouvertures nombreuses pour que les animaux soient pour ainsi dire, tout en étant abrités, placés presque comme en plein air. Les murs des écuries, ceux constituant les séparations, devront être confectionnés de telle façon que leur désinfection soit des plus faciles. Enfin, le sol des locaux sera bien fait, et si les moyens ne permettent pas qu'il soit établi en briques ou en ciment, la terre ou le béton qui le composeront seront fréquemment renouvelés.

Quant aux soins corporels, ils devront faire l'objet d'une très grande attention. Les sécrétions de la peau, pendant les grandes chaleurs, sont importantes. La toison des animaux a une tendance à se feutrer, et diverses affections cutanées peuvent prendre naissance, empêchant les sujets de conserver un bon état d'entretien. Des pansages journaliers bien surveillés, sont donc indispensables. Débarrassant la peau des produits qui la souillent, ils activeront les fonctions de l'épiderme et, de ce fait, la respiration cutanée se fera dans de meilleures conditions, le poil sera plus lustré, moins long en hiver, et l'appétit des sujets sera plus important.

Pendant l'été des bains pansages pourront être faits avec fruit si l'on se trouve à proximité d'une eau courante.

En outre des avantages que je viens de signaler et qui nous seront fournis par un bon pansage, celui-ci nous permet d'enlever les larves d'insectes, ou les insectes eux-mêmes attachés à la peau des animaux, et qui pourraient être une cause de propagation de maladie dans le cas d'épidémie.

Ces quelques mesures hygiéniques, très faciles à réaliser en toutes circonstances, doivent se rapporter indistinctement à tous les animaux, qu'il s'agisse de poulinières, d'étalons, ou même de poulains. Ces derniers devront avoir du pansage dès leur plus bas âge. Le poil plus ou moins épais, qui recouvre le corps des jeunes produits est sans contredit plutôt nuisible au séjour dans un climat chaud. Le pansage aura pour but de débarrasser à bref délai l'épiderme, d'un revêtement inutile et préjudiciable ; il aura en plus l'avantage de rendre maniables les jeunes poulains. Leur dressage ultérieur sera donc plus facile, par l'habitude qu'ils auront d'être souvent abordés.

Il ne me reste plus qu'à dire un mot sur le *travail* des animaux, pour en avoir fini avec les soins consécutifs que comporte l'amélioration de la race chevaline. Au sujet de ce travail, il faut se rappeler qu'en toutes circonstances, si un léger travail est un excellent stimulant, une trop grande mise en action des muscles entraîne une déperdition organique.

En envisageant les *juments poulinières* d'importation, nous nous heurtons d'abord à une impossibilité presque complète, si nous cherchons à les utiliser au travail. Les animaux, et je l'ai répété maintes fois dans mon étude, sont des débilités dans le pays, quoi que nous fassions pour les suralimenter. Les fatigues de la gestation viendront s'ajouter encore pour rendre leur anémie plus certaine. Le travail, que nous exigerons des poulinières, sera par conséquent un travail hygiénique exclusivement. Si les installations le permettent, la mise au pâturage en liberté dans la journée sera suffisante ; de temps à autre, quelques galops libres dans des paddocks avec obstacles, pour les juments non pleines ou suitées, combattront avantageusement l'apathie digestive naissante à certaines époques de l'année. Les digestions seront plus sûres et l'appétit sera accru par ce fait. Donc, pour les juments le plus d'exercice libre sera bienfaisant en dehors des derniers mois de la gestation.

Les poulains prendront un certain exercice dès leur jeune âge, en suivant leur mères. Après l'époque du sevrage ils seront installés pendant les heures favorables de la journée dans des paddoks spéciaux. La sortie de l'écurie, par exemple, pourra se faire par un couloir ou lice, où quelques obstacles auront été aménagés.

L'énergie, que commandera les sauts répétés et journaliers, aura une action bienfaisante sur la santé des jeunes, comme elle fera se développer chez eux une ossature meilleure et des muscles d'une densité supérieure. Le travail ainsi compris pour les jeunes élèves peut augmenter, en y réfléchissant bien, les chances d'accidents, mais par contre, si quelques sujets subissent une dépréciation par le travail violent, la majorité d'entre eux bénéficiera à l'âge adulte d'une plus value, quant à leur endurance, que nous serons très heureux d'avoir à utiliser dans la suite.

Jusqu'à l'âge de 2 ans 1/2, le travail en liberté devra nous satisfaire pour les poulains ; à cet âge ceux-ci pourront être montés par des cavaliers légers, et faire au pas certaines promenades, d'abord hebdomadaires, puis journalières. Quelques mois après le début du travail au pas, les animaux pourront marcher au trot.

L'allure du galop ne sera prise que plus tard, alors que les poulains auront atteint l'âge de trois ans. L'exercice du galop sera donné à la longe au début, de la sorte les articulations risqueront moins d'être lésées et fatiguées.

Ce qui précède se rapporte indistinctement aux poulains issus du croisement, ou à ceux nés de juments indigènes. Pour ces derniers le travail devrait être règlementé. Avant l'âge de deux ans et demi le poulain ne devrait pas être monté. C'est une grosse dépense pour le corps d'un sujet de 1 m 18 à 1 m 20 que d'avoir à fournir une étape de 15 à 20 kilomètres, quelquefois plus, monté à un poids à 45 à 60 kilos. En outre que le potentiel alimentaire s'use inutilement au travail, au lieu de servir à l'accroissement de l'animal, ce dernier, de plus, voit ses organes locomoteurs se tarer avant leur complet développement. En tout cas, le squelette subit un arrêt de croissance, la soudure des épiphyses et de la diaphyse des os longs se fait prématurément et imparfaitement.

Il est très difficile d'empêcher présentement un indigène de monter son poulain. Aucune compensation sérieuse ne lui est accordée pour remplacer l'inconvénient qui naît de la non utilisation d'une monture. L'objection serait levée le jour où nous accorderions des primes nombreuses, car nous pourrions exiger, puisque nous rémunérerions d'autre part.

Quant aux étalons, il devraient à partir de l'âge de 3 ans, subir un entraînement intense, lequel nous permettrait d'éliminer de la reproduction les sujets non résistants ou de valeur moyenne. Tout cheval entier devrait satisfaire à des épreuves spéciales avant d'être admis comme étalon. De l'âge de trois ans à l'âge de 8 ans, pour le moment, tous les chevaux entiers d'un modèle réussi devraient avoir fourni un certain nombre de courses. Vers 8 ans les sujets de choix seraient achetés par les Haras.

L'âge paraît peut-être un peu avancé, mais il est motivé par le manque de chevaux étalons. Il pourrait être reculé plus tard, quand les besoins seraient moindres. Ce serait une grave erreur d'utiliser des chevaux entiers de 3, 4, 5 ans, comme reproducteurs. Le pays veut que la race chevaline qui y naît soit peu précoce, nous devrions donc, en nous basant sur les résultats obtenus en Angleterre et en France, ne choisir les mâles que dans les chevaux âgés d'au moins 8 ans.

C'est à cet âge, en effet, que les bons raceurs ont engendré les sujets d'élite et non avant. Témoins par exemple, St Simon, Hermite, Flying-Fox, et cette année encore Perth dont les produits tiennent la tête du turf d'une façon presque permanente. Ces étalons célèbres ont été les premiers, parmi les reproducteurs, fournissant les gagnants alors qu'ils avaient déjà 10 et 11 ans ; c'est dire par conséquent que leurs meilleurs produits ont résulté de leurs saillies faites à l'âge de 8 ans 9 ans environ.

VI

CONTRÉES DANS LESQUELLES

L'AMÉLIORATION DOIT ÊTRE ENTREPRISE

Les diverses régions d'un même pays sont plus ou moins favorables à l'élevage des animaux. Si en effet dans toutes, la production peut être tentée, certaines d'entre elles méritent la préférence, car elles se signalent en toutes circonstances par un rendement meilleur. Il convient donc, quand il s'agit d'améliorer, de savoir se placer dans un milieu qui donnera les résultats les plus satisfaisants.

Dans la Colonie Tonkinoise, le choix est très aisé. Les centres producteurs de chevaux sont dans les Hautes-Régions. C'est là, par conséquent que nous devons entreprendre l'amélioration.

Les parties basses du Tonkin n'ont qu'exceptionnellement produit : la nature vaseuse du sol se prêtant mal d'ailleurs à l'élevage d'une race chevaline.

Ce serait agir en mal, et contre le cheval lui-même, que de chercher à faire vivre celui-ci sur des terrains inondés, sur lesquels il ne trouverait que très peu de denrées fourragères. Dans le Delta, l'élevage ne pourrait donc être entrepris que près des grands centres, en dehors des terrains marécageux. Or là, la nourriture des animaux devrait être assurée à l'écurie par défaut de pâturages. Les frais occasionnés seraient très importants.

A tous les points de vue par conséquent, soit qu'il s'agisse d'économie d'une part, soit encore que l'on veuille agir dans le milieu le plus favorable, c'est dans les régions montagneuses du Haut-Tonkin que l'Administration doit établir sa surveillance, en installant des jumenteries pour y créer des centres d'élevage. La Basse-Région ne recevrait que les chevaux adultes, où les besoins les auraient appelés.

Exposée ainsi, l'installation des champs d'expérience, où l'élevage des jeunes se ferait, peut paraître chose simple, alors que beaucoup de conditions doivent être exigées, lorsqu'il s'agit de fixer un établissement en un endroit qui doit donner **toute** satisfaction. Je n'irai pas, dans ce travail, développer en **détail** tout ce qui doit présider au choix des installations ; le cadre de mon étude étant en dehors de cela. Je me bornerai à les citer toutefois, les considérant comme trop indispensables et nécessaires.

Il faut tenir compte en effet, que l'amélioration ne peut être obtenue que par plusieurs opérations successives : la sélection, le croisement et le métissage. La première demandant une surveillance très suivie, exercée sur les éleveurs indigènes, la seconde exigeant des conditions d'hygiène spéciales, **pour** pallier à l'acclimatement des poulinières importées ; la troisième enfin nécessitant tout comme la précédente, un climat bienfaisant.

Les stations d'élevage seront donc placées dans un centre, à proximité de grandes agglomérations de chevaux autant que possible. Elles serviront de modèle aux indigènes, faisant naître chez ceux-ci, des idées nouvelles sur l'entretien des animaux, afin de les obtenir grandis, leur donnant ainsi un prix de vente plus élevé.

L'éleveur au Tonkin, j'ai eu déjà l'occasion de le dire, est très négligent, mais il ne manque pas l'occasion de copier un peu ce qui se fait autour de lui. C'est donc par la routine, et non autrement, qu'il s'agit d'arriver à faire améliorer le cheval du pays par l'indigène lui-même.

Une station d'élevage, cela va de soi, doit être dirigée par une personne compétente en cheval ; de cette façon, rien n'est plus facile pour celle-ci, que d'exercer sa surveillance sur les poulinières stationnées dans les environs. Au cours des tournées, des explications sur le côté pratique, surtout, seraient données aux divers éleveurs, leur exposant principalement les bénéfices à retirer par l'emploi d'une bonne méthode d'élevage. On voit par là l'utilité de choisir un centre, pour que la surveillance donne le maximum de rendement.

Une station d'élevage exige aussi une vaste étendue de terrains favorables à la pâture. Autant que possible, des mamelons peu élevés seront préférés à des fonds de cirques, où l'aération se ferait mal, où l'humidité en été serait trop forte.

Les terres devant servir aux pâturages devront naturellement offrir une végétation fine, peu grossière. Les travaux d'aménagement seront plus faciles, et si la culture des plantes fourragères importées ne réussissait pas, le sol une fois amendé, offrirait toujours un foin de qualité suffisante.

Les endroits par trop broussailleux, où les arbrisseaux abondent, seront à rejeter. A certaines époques de l'année les animaux seraient trop incommodés par les insectes de toutes sortes, vivant dans les endroits ombragés et abrités. En temps d'épidémie les effets néfastes des mouches ou autres larves d'insectes ou animaux ailés sont d'ailleurs très à redouter : la plupart des affections graves des pays chauds, ayant pour véhicule les ectoparasites.

Les terrains seront si possible bien composés ; l'argile, le calcaire y devront figurer ; l'humus sera abondant, l'acide phosphorique devra être retrouvé à l'analyse. En tout cas, le moyen de remédier au manque de ces substances, devra se trouver sur place, afin de diminuer les frais de transports. Il existera dans les stations d'élevage une partie des terres, à proximité d'un cours d'eau, ce qui facilitera 1 arrosage. L'état de nivellement du sol devra permettre aussi un amendement sérieux ; il convient en effet d éviter le lavage excessif des pluies torrentielles de l'été ; sans quoi, à cette saison, le sol se débarrasserait des éléments chimiques que l'on y aurait incorporés.

Un élevage, à moins de perte, devant être fait sur une grande échelle, il importe de prévoir une augmentation annuelle des effectifs ; conséquemment on ne doit pas arrêter son choix à un emplacement trop exigu.

L'économie devant également présider aux installations il sera tenu compte en plus 1º de la facilité avec laquelle les denrées, graines diverses, paille… seront procurées ; car nous l'avons vu précédemment, nous devons nourrir abondamment chaque individu, 2º Encore, de la nécessité d'offrir de l'eau en grande quantité et de qualité excellente à·chaque sujet. 3 Qu'il n'y a pas lieu de s'installer dans une région où les fauves abondent de peur d'accidents.

4° Qu'il convient aussi de pouvoir trouver à bon compte, par conséquent pas trop loin, les matériaux que les constructions, les aménagements divers nécessiteront.

Si j'ai dit ce qui précède, c'est pour montrer les difficultés nombreuses que l'on rencontre souvent, quand il s'agit de se conformer à un plan établi d'avance, et pour l'exécution duquel on cherche toutes les facilités.

VII

RÉSULTATS PRATIQUES DÉJÀ OBTENUS

DANS LA HAUTE RÉGION

Dans ce chapitre nouveau, je ferai connaître le résultat des expériences tentées depuis l'année 1905. Nous verrons par là l'amélioration déjà entreprise et les modifications à y faire subir encore.

Un arrêté en date du 20 janvier 1906, de Monsieur le Gouverneur Général de l'Indo-Chine, stipulait que 1000 juments poulinières de grande taille allaient être importées dans la colonie en cinq années, à raison de deux cents par an. Un autre arrêté, paru quelque temps après, instituait un conseil de perfectionnement de l'élevage, chargé d'étudier, par tous les moyens possibles, l'amélioration de la race chevaline indigène.

Tout d'abord, le conseil, à la suite de discussions diverses, dont l'exposé n'a jamais été connu, mais dont les résultats se sont faits voir depuis, décida sur l'opportunité de l'introduction au Tonkin de telle ou telle race de chevaux. Ce furent les chevaux Tarbais, Landais et de la Camargue qui eurent la préférence. Monsieur le Capitaine d'artillerie Giraud fut même chargé d'une mission spéciale, pour l'achat de deux cents poulinières dans le midi de la France. Les juments destinées au croisement ne devaient pas avoir plus de 1 m.46.

Je me permettrai de discuter, d'abord, l'opinion générale qui fit arrêter le choix sur des Landais, Tarbais, Camargues. Aucune de ces trois races ne méritait cette faveur, et il suffit d'y réfléchir un peu ; j'en ai du reste exposé les raisons à propos du croisement. Sûrement les Landais et les Camargues n'étaient connus de certains membres du Conseil, que par leur petite taille, mais non quant à leur conformation. Il est inadmissible, en effet, que des chevaux dégénérés soient choisis comme améliorateurs.

Les achats faits en France ne répondirent pas aux désideratas exprimés par le Conseil de Perfectionnement. L'officier chargé de mission, estimant que l'acquisition des poulinières lui serait facilitée, confia aux commissions de Remonte en France, le soin de lui venir en aide. Qu'advint il par ce système ? Des affiches furent sans doute placardées dans les villes et communes du midi : les éleveurs furent ainsi prévenus que des animaux de petite taille allaient être achetés. Au jour fixé, les propriétaires conduisirent leurs juments devant la commission qui acheta.

Pour moi, qui connais d'une façon à peu près complète la Région Sud-Ouest de la France, en tant que foires de chevaux et chevaux, je puis avancer que les sujets dont l'acquisition fut faite, sont ceux que l'on ne retrouve que rarement dans le commerce courant. Les Commissions de Remonte ont, en effet, leurs fournisseurs : ce sont les éleveurs de l'anglo arabe de pur sang ou du demi sang. Les chevaux qui ne possèdent pas de carte, sont rarement présentés aux Commissions, et sont l'objet de transactions ordinaires sur les champs de foire. Ce qu'il est convenu d'appeler la bidette du midi, dont la taille réalisait le type demandé, ne fut pas présenté. Les animaux achetés furent seuls des sujets trop près du sang en général ; 5[6 d anglo-arabes à peu près purs, des demi sang anglo-arabes, une jument de pur sang anglais même, eurent la faveur d'être choisis pour l'importation (planche XIII.) Tel est le lot de poulinières qui, vers le mois d'avril 1905, fut dirigé vers l'Indo Chine.

L'arrivée dans la Colonie eût lieu en mai ; encore une erreur dans le programme d'amélioration de la race, qui fit que pendant près d'un an, la majorité des femelles importées n'avait aucune utilisation. Les chaleurs chez les juments apparaissent en février et mars : pourquoi donc, ne pas avoir fait coïncider les achats, avec une période d'arrivée dans la Colonie, où les saillies auraient pu être commencées après quelques mois d'acclimatement.

Le détail donc fût complètement négligé dans la question de l'importation des juments. Le voyage de France au Tonkin eût lieu au cours du mois de mai, pendant lequel la traversée est toujours pénible, surtout pour un grand nombre d'animaux, à cause de la chaleur résultant de l'obligation où l'on se trouve de les resserrer dans les cales des bateaux, L'affrêté qui fut choisi n'avait pas été convenablement aménagé pour le transport de chevaux.

Beaucoup de juments étaient trop jeunes, la plupart aussi étaient atteintes d'affections gourmeuses, autres inconvénients qui voulurent que la majorité des femelles reçues étaient en très mauvais état, couvertes de plaies de mauvaise nature, sous le coup d'un grand abattement.

Les installations pour les recevoir n'avaient pas été prévues, Leur acclimatement se fit dans de mauvaises conditions. Il eût lieu pendant les périodes de fortes chaleurs, juin, juillet, août,

PLANCHE XIII

Turquoise. — 1 m. 40, alezan. (Jument demi-sang anglo-arabe) genre courant des juments importées de France.

PLANCHE XIV

Groupe de juments à l'abreuvoir (Jumenterie de Nuoc-Haï)

PLANCHE XV

Juments au paturage (jumenterie de Nuoc-Haï).

PLANCHE XVI

Quelques poulinières d'importation suitées de poulain de croisement
(Jumenterie de Nuoc-Haï).

septembre, aux Etablissements Zootechniques de Hanoi. La proximité des animaux, vivant en troupeaux, dans des locaux hangars, voulut que la gourme fit des progrès dans l'effectif, d'autant plus d'ailleurs que la surveillance des individus était plus difficile.

L'utilisation de la ration distribuée se fit mal. Certains animaux voraces absorbèrent la part de leurs voisines plus timides, et les juments chétives, maladives étaient destinées à s'amaigrir peu à peu. Quelques pertes furent constatées ; certaines d'entre elles auraient pu être évitées si l'on avait réglementé et prévu certains détails d'hygiène indispensables.

Après s'être rendu compte des méfaits que le séjour exclusif dans la capitale Tonkinoise pouvait avoir sur les résultats ultérieurs du croisement, il fut décidé d'installer trois jumenteries: l'une dans le territoire de Cao-Bang, l'autre dans la province de Lang-Son, la troisième dans le territoire de Lao-Kay.

J'eus l'honneur d'être chargé d'une mission pour déterminer les emplacements favorables à l'installation de ces établissements. A l'issue de ma tournée, d'une durée de 28 jours seulement, je déposai un rapport dans lequel j'optai pour la vallée de Nuoc-Hai pour le 2e Territoire Militaire, pour les environs de Loc-Binh ou le plateau de Van-Linh dans la province de Lang-Son, tandis que je considérais comme inutile et dispendieuse la création d'une jumenterie à Pa-Kha, Territoire de Lao-Kay. Mon choix fut établi, en me servant strictement des données énumérées dans le chapitre précédent, et surtout de l'influence que devait apporter sur l'élevage indigène, le voisinage d'un établissement central « jumenterie administrative ». La situation de Nuoc-Haï s'imposait à tous les points de vue (planche XIV, XV et XVI), aussi dès le mois d'octobre 1906, il fut commencé des travaux provisoires pour recevoir une trentaine de juments d'importation. La direction de l'établissement me fut confiée. Au mois de décembre j'embarquai à Hanoi à destination de Nuoc-Haï un lot de 30 poulinières ; celles-ci me furent choisies parmi les convalescentes, parmi les jeunes animaux souffreteux, qui s'étaient signalés comme des débilités depuis leur arrivée. A vrai dire, j'avais eu une appréhension sérieuse à l'aspect du lot qui me fut confié. Heureusement que la région, où j'avais décidé de m'installer, jouissait d'un bon climat.

En quelques mois, malgré des installations provisoires, les juments avaient repris bon œil, et acquis un meilleur état général. La venue de Monsieur le Gouverneur Général Beau, le 23 mars 1907, eût pour résultat l'augmentation de l'effectif à Nuoc-Haï. L'ensemble des avantages que présentait la région frappa le Gouverneur de la Colonie, et il décida que le nombre des poulinières devait être porté à 100. L'augmentation véritable ne fut que de 50 à cause de la mauvaise qualité des juments australiennes qui furent importées et qui étaient trop grandes, décousues dans leurs formes pour la plupart.

Je dirai un mot ici sur les juments australiennes avant d'aller plus loin.

A l'arrivée des juments de France, certains membres du Conseil de Perfectionnement de l'élevage critiquèrent, avec juste raison d'ailleurs, le lot d'anglo-arabes importé. Le prix de revient semblait exagéré eu égard aux conformations. Monsieur le Capitaine Sipière, ayant présenté une pouliche Australienne de petite taille, séduisante dans ses formes, proposa l'achat en Australie de deux cents juments d'un modèle semblable. Une mission fut organisée en ce sens ; Monsieur le Capitaine Sipière, promoteur de l'idée, en eût la direction, Monsieur le Vétérinaire en 1er, Lang, lui fut adjoint.

Partie au mois de novembre 1906, la mission, quoique rappelée avant terme, put être de retour à la fin du mois de février 1907 et avec la totalité des poulinières commandées. L'examen de ces dernières fut loin de donner satisfaction. Si j'avance le fait, c'est que j'eus l'honneur de faire partie d une commission à l'arrivée, chargée de déterminer la valeur de chaque animal. Les 2/3 des juments australiennes, n'avaient à mon point de vue aucune valeur comme modèles améliorateurs (planches XVII et XVIII.) Les 5/6 de ces animaux n'avaient aucune conformation exempte de reproches Les australiens d ailleurs, sont le résultat d accouplements du cheval anglais avec des poulinières communes de différents modèles. Beaucoup de décousu, peu de membres, trop de sang pour le gros du modèle, telle est la résultante présentée par la jument que la mission Sipière importa. La taille également ne fut pas exempte de critiques, la plupart des sujets étant plus hauts que les Tarbaises.

Ce sont toutes ces observations qui voulurent que j'insistai pour mon compte, afin de réduire de 20 unités le nouveau lot de juments australiennes à remonter à Nuoc Haï.

je reviendrai maintenant aux essais tentés dans la jumenterie officielle du 2e Territoire Militaire, et nous allons voir quels sont les résultats que l'on est à même d'espérer par le croisement.

Deux naissances ont été enregistrées en 1907, car 10 juments avaient été saillies à Hanoï, sur les 30 constituant mon premier lot. En 1903 il y a eu 31 naissances sur 75 poulinières, quoique le 2e lot de juments ait été remonté à Nuoc-Haï à une époque avancée, qui n'a pas permis d utiliser la première période de chaleurs de février, mars, presque toujours fructueuse. Nous comptons 50 juments pleines en 1908 soit environ 48 poulains à naître dans les six premiers mois de 1909.

Si j'attire l'attention sur ce fait, c'est pour expliquer que mal·
gré la disproportion des organes génitaux mâles et femelles,
nous pouvons compter sur un nombre important de réussites.
Dans les centres d'élevage en France on estime que 50 à 51 o|o
de saillies sont productives. A Nuoc-Haï nous aurons dépassé ce
chiffre et nous aurons obtenu du 60 o|o.

J'ai toujours utilisé les étalons de pur sang annamite pour la
saillie des juments. Sur 20 étalons dont je dispose dans le 2e
Territoire, j'ai effectué mon choix parmi les chevaux de courses,
c'est ainsi que Nannao, Kérinou, Gladiator ont été utilisés au
maximum.

La conformation des chevaux entiers a toujours été prise en
considération dans les accouplements : telle jument, un peu légère de membres, était couverte par un étalon ayant du gros.

Passons maintenant à l'appréciation des poulains issus du
croisement. (Planches XIX à XXX).

Les sujets ont en général une caractéristique spéciale. Ils se
font voir avec la forme d'un cheval que l'on ne peut assimiler
avec celle d'aucun autre type connu. Ils ont beaucoup de bril-
lant, sont très coquets, dans leur silhouette, et possèdent une
énergie plus grande que celle du poulain annamite pur. La tête
est expressive, l'œil vif, les ganaches manquent un peu de sécheresse, mais l'attache de la tête est assez dégagée ; l'encolure
est moyennement longue, son bord supérieur est moins charnu
que dans la race indigène et les crins qui la parent sont moins
fournis. Le garrot est dégagé ; le dos et le rein sont bons. La
croupe, oblique sans exagération est bien musclée, quelquefois
un peu courte comme dans le cheval du pays ; la queue est bien
plantée. L'épaule manque un peu d'obliquité. La côte est moins
ronde que chez l'étalon et elle est plus descendue, aussi la poi-

trine a une bonne largeur et une profondeur séduisante. La cuisse est moyennement longue : les avant-bras restent courts ; les articulations genoux et jarrets sont fortes, nettes, donnent l'impression de puissance, les jarrets surtout. Ceux ci sont en outre très ouverts : c'est même une beauté type que le croisement fera apparaître, car elle est retrouvée uniformément sur tous les sujets. Les canons sont un peu longs, assez forts, les paturons sont bien dirigés. La robe enfin est foncée si l'on a eu soin d'éliminer les étalons présentant des robes claires. C'est ainsi que j'ai obtenu des poulains bais, alezans, avec des étalons alezans et des juments de robes diverses, même de robes claires, tandis que les résultats avec Namao, étalon isabelle, ont été six isabelles sur huit poulains, dont les mères avaient des robes foncées.

Ainsi détaillé, le poulain de croisement semble être un cheval parfait à tout égard. Ajoutons à cela que sa taille est assez élevée o ^m 90 à la naissance, 1 ^m 20 à 1 ^m 25 à un an, 1 ^m 28 à 1 ^m 30 à 18 mois et nous verrons que l'opération tentée est faite pour nous satisfaire.

En exposant comme ci-dessus, l'ensemble des qualités que le poulain créé nous laisse entrevo'r, je n'ai fait que mentionner le cas de la majorité d'entre eux. Certains sujets sont un peu moins bien réussis, surtout ceux qui sont nés des juments australiennes (planches XXXI et XXXII). Ces derniers sont en général grêles de membres, à aplombs antérieurs souvent arqués : l'ensemble du corps est volumineux, massif, la croupe est large, arrondie, la fesse est rebondie, coupée bas. Leur taille est bien moindre également que celle des poulains tarbais-annamite. A la jumenterie de Nuoc-Haï nous possédons 9 poulains de mères australiennes, deux seulement ont des conformations ne présentant guère de reproches. Par contre, les juments tarbaises ont produit 19 poulains très bien réussis sur 26 existant.

Les poulinières importées de la Métropole semblent donc engendrer des métis fort séduisants. A l'étude de ces derniers, lorsque leur conformation de poulain tend à disparaître, nous trouvons toutefois que leur taille sera probablement trop élevée pour le pays. Quelques 8 à 10 centimètres de moins auraient mieux valu.

Le tempérament anglais, que les Tarbaises apportent, veut que la taille de 1 ᵐ 35 sera probablement fréquemment dépassée. Une autre constatation, c'est que les poulains se montrent très précoces. Dès l'âge de 12 à 15 mois ils se présentent avec une conformation de chevaux adultes ; les principaux organes semblant avoir acquis leur complet développement. C'est encore un inconvénient au point de vue absolu dans le pays, l'aptitude au développement hâtif est un signe que la rusticité du nouveau cheval n'est pas suffisante. De nouveaux croisements avec le cheval indigène, lui feront perdre sans doute, peu à peu, cette délicatesse en lui enlevant de sa précocité.

Ces quelques inconvénients résultent du trop de sang des juments Tarbaises, quant à leur origine ; nous n'aurions pas eu ces résultats à coup sûr, avec la jument arabe pure.

La précocité, puisqu'elle est constatée, exige beaucoup de soins et surtout une alimentation intensive. Elle sera une cause de dépenses supplémentaires pendant un certain temps.

En se rapportant un peu plus haut à la conformation du poulain de croisement, nous voyons que la question de l'amélioration du cheval au Tonkin est chose maintenant définie et établie. L'importation de grandes juments, que j'ai préconisé d'ailleurs en 1904 et au commencement de 1905 nous a donc donné la clef de l'énigme. Les résultats sont très satisfaisants ; ils auraient été meilleurs si le détail dans les diverses opérations d'achats, d'acclimatement, eut été mieux étudié. Le manque de liant dans les idées au début. aura entraîné un petit retard et des dépenses supplémentaires ; celles-ci auront été occasionnées par la nourriture forcée de certaines poulinières mal conformées. et aussi par l'alimentation intensive que nécessitera l'entretien des poulains nés de juments bien conformées. mais trop près de sang.

Je me permettrai ici, en mon nom. et en celui des personnes aimant le cheval au Tonkin, de rendre hommage à Monsieur le Gouverneur Général Beau. qui n'a pas hésité à engager des dépenses pour l'importation de juments poulinières.

Il serait à souhaiter que pendant quelques années encore des achats fussent faits, en tenant compte toutefois de l'expérience qui nous est maintenant acquise...
....

L'élevage indigène semble faire depuis deux ans un progrès très sensible. J'ai pu déjà faire ces heureuses constatations dans le 2e Territoire Militaire. L'impulsion à laquelle j'ai fait allusion, et que doit donner un établissement d'élevage, est très réelle. Chargé de la Direction de la Jumenterie de Nuoc-Haï, et assurant en même temps le service des Épizooties du Territoire de Cao-Bang, j'ai cherché par tous les moyens à augmenter la production chevaline de la Région. J'ajouterai que ma peine a été très amoindrie, par les facilités de toutes sortes que j'ai trouvées sur place et par le bon vouloir dont était animée la population indigène.

Il convenait d'abord de savoir établir la véritable origine d'un cheval déterminé. J'ai donc distribué des cartes d'identité à toutes les juments poulinières de la Province, au nombre assez élevé de 1026.

Les cartes remises aux propriétaires des animaux, sont déta
chées d'un carnet à souches ; elles sont numérotées, indiquent
le signalement exact : âge, taille, robe de la jument, son aptitude
à la reproduction ainsi que le nom et le domicile du propriétaire.
Quand une jument est saillie maintenant, la date de l'opération
et 'e nom de l'étalon sont portés au verso de la carte ; celle-ci
sert donc de matricule à la jument. Il sera de la sorte facile de
savoir que telle jument No X. produit de très bons sujets, que
telle autre No Z par contre, est une mauvaise poulinière ; la
fraude sera aussi évitée, une jument ne sera pas présentée à
plusieurs étalons.

La sélection sera plus facilement assurée par ce système ; en
tout cas, elle pourra avoir lieu sans que l'on se heurte à tout
instant, à des fraudes, à des erreurs. Si l'on veut utiliser certains étalons dans certains régions, on pourra se mettre en
garde contre la consanguinité, reproduisant et accentuant les
défauts chez les produits.

Les cartes d'identité, en outre des avantages que je signale,
en ont un autre plus sensible. Elles ont fait connaître aux
indigènes que la saillie de leurs juments donnait droit à une
prime, que les poulains à la naissance et à deux ans touchaient
également des primes, suivant leur conformation et leur état
d'entretien.

En donnant ici le tableau du nombre des saillies et des naissances dans le Territoire de Cao-Bang, on pourra se rendre compte de l'impulsion nouvelle donnée à l'élevage du cheval indigène

1905	Saillies :	231	ayant produit 41 naissances en 1906
1906	Saillies :	272	ayant produit 95 en 1907
1907	Saillies :	395	ayant produit 116 en 1908
1908	Saillies :	420	ayant produit 90 dans les 4 premiers mois
			et X à venir en 1909.

PLANCHE XVII

Affable, jument australienne, 5 ans, 1 39 bai (le plus joli modèle du lot).

PLANCHE XVIII

Absinthine. — Jument australienne, 6 ans, 1 m. 40, bai, (modèle moyen et petit).

Le nombre des saillies de 1908 aurait été plus important, si les pluies n'avaient pas nui, en certaines circonstances, au déplacement des indigènes, qui font quelquefois 25 et 30 kilomètres dans les montagnes pour faire couvrir leurs juments, et si le nombre d'étalons était plus important ....

J'ai eu également à plusieurs reprises l'occasion de châtrer quelques mauvais chevaux entiers.

La distance qui sépare souvent les villages, des centres où l'opération peut être tentée, l'immobilisation pendant près d'un mois du cheval opéré, sont deux causes, qui font encore hésiter certains indigènes possesseurs de chevaux mal conformés, à se décider pour la castration. Mais connaissant les Thôs, je crois qu'il est permis d'espérer. D'ici quelques années les mauvais spécimens seront signalés par les indigènes eux-mêmes.

Les bonnes idées sur l'élevage commencent à se faire jour à un point tel, que certains éleveurs ne se servent jamais dans leurs déplacements, des poulinières que je leur ai signalées comme très belles, et qu'ils alimentent à la canne à sucre, au paddy leurs poulains, en vue d'un rendement plus élevé.

Je puis donc avancer que ce n'est plus qu'une question de temps maintenant, pour que nous puissions compter sur une production de chevaux meilleurs, à une condition toutefois, c'est que nous saurons être tenaces et patients à la fois. Il faut s'attendre en matière d'élevage à des travaux de longue haleine, et se presser serait vouloir faire fausse route.

Avec les règlementations existant à l'heure actuelle, aidées de quelques autres plus spécialisées, telles que l'interdiction de monter les jeunes chevaux, la création de concours pour stimuler les éleveurs, nous pouvons compter sur une amélioration progressive. Mais une direction de l'élevage dans les principaux centres producteurs s'impose. Son organisation donnerait un essor nouveau à l'élevage rationnel dans la Colonie.

IIIᵉ PARTIE

De l'amélioration du cheval annamite par les courses.

Il ne nous reste plus, pour que la sélection des reproducteurs de race indigène ou des métis puisse être facile, que de connaitre le travail des courses.

Je dirai tout d'abord quelques mots sur les courses en général pour faire voir leur véritable but. Cette donnée préliminaire nous permettra de mieux examiner ensuite les courses au Tonkin et comment elles doivent être comprises, pour contribuer à l'amélioration de la race chevaline du pays.

I

CONSIDÉRATIONS SUR LES COURSES

EN GÉNÉRAL

D'une façon générale, les courses de chevaux doivent s'entendre, une meilleure utilisation du facteur vitesse chez les animaux, dans un but, soit de créer une race résistante à l'essoufflement et à la fatigue, ou encore de grandir, de perfectionner une race déjà existante.

Dans les temps les plus reculés, les courses ont été très en honneur ; il suffit pour s'en convaincre de parcourir les ouvrages des auteurs anciens. Les chevaux luttaient sur les hippodromes, exécutaient des marches sensationnelles, pour distraire les foules avides de spectacles passionnants.

S'il est vrai de dire, que les courses datent de longtemps, on peut avancer aussi, que pendant de nombreux siècles, aucun but utilitaire n'a régi leur organisation. Ce n'est que vers la fin du XVIII⁰ siècle, et au commencement du XIX⁰ᵐᵉ que les Anglais comprirent les bénéfices que l'on pouvait retirer en procédant méthodiquement en matière de courses. Aidés par les données zootechniques, qui se faisaient jour à la même époque, ils firent converger tous leurs efforts vers la production d'un modèle de cheval nouveau. Le type, qu'ils voulaient réaliser, était grand, élancé, svelte, mais élégant et harmonieux dans ses formes. Nous savons très bien aujourd'hui, que le but de nos voisins d'Outre-Manche a été pleinement atteint. En partant du cheval Syrien, on est arrivé par les courses à produire le cheval de pur sang anglais, qui est de nos jours le meilleur modèle du cheval de vitesse et de fond, tout en restant aussi le plus beau et le plus élégant.

Les courses sont donc susceptibles de rendre de grands services en vue de l'amélioration des diverses races chevalines. Il convient maintenant d'étudier leurs principaux modes d'action.

Parmi les méthodes que la zootechnie utilise, il en existe deux principalement, dont l'intervention est nécessaire lorsqu'on veut chercher à réaliser un nouveau type de conformation, ou faire se perpétuer des qualités retrouvées quelquefois par hasard, chez un ou plusieurs représentants d'une race.

C'est d'abord, une gymnastique spéciale, autrement dit, un travail progressif, raisonné, qui stimule les fonctions des divers appareils organiques, qui doivent le plus entrer en action, dans le développement d'une seule, ou de plusieurs qualités que l'on cherche à fixer et à reproduire. Cette gymnastique doit toujours être secondée par une nourriture alibile, puisqu'elle entraine dans la plupart des cas une augmentation de dépenses chez les individus.

La deuxième méthode, que la zootechnie utilise pour l'amélioration des races, est la sélection. Celle-ci élimine de la reproduction tous les sujets qui ne présentent pas le type de conformation désiré, ou encore, qui ne possèdent pas les qualités que l'on veut transmettre.

L'utilité des courses n'a donc pas besoin d'être démontrée, puisqu'elles viennent en aide aux deux méthodes précitées. Elles permettent de parfaire à l'état d'endurance des chevaux, par le travail journalier qu'elles nécessitent chez les sujets soumis à l'entraînement ; elles facilitent aussi la sélection, en nous faisant voir après les épreuves, quels sont les individus les mieux trempés. Par les performances, il est très facile de choisir ensuite les reproducteurs.

Ces quelques considérations générales nous conduisent à examiner un peu en détail, tout d'abord : la gymnastique préparatoire à laquelle on soumet les animaux devant figurer sur les hippodromes ; ensuite, les courses elles-mêmes, puisque d'elles dépendent les opérations de la sélection.

Avant d'entrer en matière, je dirai quelques mots toutefois, sur les qualités indispensables, primordiales, qu'il convient de retrouver sur les chevaux que l'on veut préparer en vue des courses.

§ 1

CHOIX DES CHEVAUX DE COURSES

Il peut sembler à première vue, pour certaines personnes, que les chevaux aux membres étroits, grêles, à charpente osseuse légère, à tissu musculaire peu épais, peuvent seuls, après préparation, figurer honorablement sur le turf. Pour d'autres, au contraire, qui partent du principe que l'organisme robuste, près de terre, quelque peu trapu, est plus résistant, le choix des chevaux de courses devrait s'arrêter sur des animaux à musculature épaisse, à membres forts. Je dirai que les deux opinions peuvent avoir du bon ; car si l'énergie est l'apanage des chevaux légers, la solidité et l'endurance à la fatigue, sont les qualités, malheureusement associées à la lourdeur de la masse, que l'on retrouve sur les sujets trapus. Toutes les races de chevaux, sans exception, sont susceptibles de perfectionnement dans le sens de la vitesse. Dans le choix à effectuer, il convient donc de voir d'abord, si la race que l'on veut améliorer est une race aux attaches grêles, à musculature réduite ; dans ce cas on prendra les animaux les plus forts, les plus solidement charpentés ; le contraire doit se produire si l'on s'adresse à une race dont les individus sont grossiers, lourds par eux-mêmes, à la musculature énorme et flasque.

Dans tous les cas, il convient de rechercher sur les **sujets** ; l'œil vif, expressif, les oreilles petites, hardies et bien **dirigées** ; la peau de la face peu épaisse et souple ; les poils de la robe fins et soyeux, à reflets même ; les crins ombrageant la **tête** et le bord supérieur de l'encolure, ceux protégeant les **extrémités** inférieures des membres ou constituant la queue peu **abondants**. Tous ces signes sont déjà 1 indice, chez le cheval qui les laisse voir, d'un tempérament intrépide et énergique.

La tête de l'animal sera petite, bien attachée, au sommet d'une encolure très longue ; on recherchera chez lui, un garrot bien sorti, élevé, un dos et un rein rectilignes, leur ensemble restant moyennement long. L'étendue d'avant en arrière de la ligne du dessus, ne proviendra pas surtout de celle du rein, celui-ci devant être large et court. La croupe présentera une inclinaison moyenne, elle aura de grandes dimensions vue de profil ou vue de derrière, ainsi qu'une musculature très fournie. La cuisse sera également très prolongée par en bas. Le passage des sangles devra être bien marqué, le poitrail large.

En envisageant les membres on exigera une épaule oblique, des avant bras bien musclés et très longs, par contre des canons courts. Les genoux et les jarrets seront larges, puissants ; l'angle formé par cette dernière articulation sera très ouvert en avant. La région du paturon ne devra être ni trop, ni pas assez inclinée; les pieds seront bons. Les aplombs des membres ne devront pas laisser à désirer, et vus de face, on les préfèrera plutôt cagneux que panards. Enfin, il n'existera pas de tares importantes sur l'appareil locomoteur, pouvant entraver le bon fonctionnement des articulations.

Telles sont les qualités qu'il convient de trouver sur un bon cheval de selle. je n'ai pas parlé de la longueur de l'épaule et du développement de la poitrine, puisque l'étendue de ces régions sont la conséquence d'un garrot bien sorti, d'un dos long, d'un passage des sangles très descendu, d'un poitrail très ouvert et de la cagnardise des membres.

Il n'est pas toujours facile, et cela se conçoit bien, de retrouver sur le même sujet l'idéal de conformation que je viens de résumer en quelques mots. On le sait, le cheval parfait est encore à trouver, et un sujet donné présente toujours plus ou moins de défauts.

Il convient donc, dans l'appréciation d'un animal, de savoir faire la part qui revient aux défectuosités que l'on constate. Pour cela, il suffit d'examiner attentivement si le sujet que l'on analyse ne présente pas de belles régions qui, par leur musculature, leur direction, leurs dimensions etc., ne puissent racheter en partie les défauts retrouvés sur le même individu. Ainsi par exemple, une poitrine étroite est défectueuse; si la même poitrine est haute et profonde, elle devient satisfaisante. La ligne du dessus peut-être un peu longue, si le rein est fort, bien attaché, et surtout si la croupe n'a pas trop d'horizontalité. La panardise peut aussi être observée sur un cheval, si ce défaut d'aplomb n'entraîne pas un resserrement trop marqué des membres par en haut, c'est-à-dire du côté des coudes, car on aurait affaire alors à une poitrine étroite. Il faut tenir compte surtout, que la qualité primordiale et nécessaire, l'énergie, peut aussi racheter pas mal de petits défauts ; il suffit qu'elle ne soit pas alliée à une gracilité trop exagérée de l'appareil locomoteur.

J'en aurai fini avec le choix des animaux, en avançant qu'il faut être sévère dans l'examen des sujets que l'on destine aux courses ; le travail qui doit leur être imposé par la suite étant un travail pénible. Comme il est de plus, empreint d'un certain cachet de noblesse, puisque le choix des reproducteurs s'effectue surtout parmi les chevaux d'hippodrome, il sied de ne présenter au public amateur de courses, que des animaux à esthétique parfaite autant que possible..

§ II

PRÉPARATION DES CHEVAUX

La préparation des chevaux aux courses est communément désignée sous le nom d'entraînement. Entraîner un animal, c'est le mettre peu à peu dans des conditions telles, qu'il puisse

PLANCHE XIX

Sloss. pur sang annamite, 1ᵐ 25, 17 ans alezan brûlé (étalon à la **jumenterie** Nuoc Haï).

PLANCHE XX

Mirliton. — Poulain de croisement, 6 mois 1/2, 1^m 19, bai ; par **Sloss**, annamite
t **Larirette**, par **Glorieux**, p. s. Anglo-arabe.

PLANCHE XXI

Larirette. — Née à Tarbes, 7 ans, 1ᵐ 47, par **Glorieux** p. s. Anglo-
arabe et **Fantasia** présumée demi-sang (suitée du poulain **Mirliton,** âgé
de 5 jours).

figurer avantageusement dans une épreuve de vitesse. Il est erroné de croire, en effet, qu'un cheval sans entraînement, ou en possédant très peu, puisse lutter contre d'autres chevaux sur un hippodrome et gagner. Ce n'est que dans le cas, où véritablement l'on aurait affaire à un sujet tout-à-fait exceptionnel, que le fait pourrait se produire, et encore faudrait-il que ses concurrents n'aient subi qu'un entraînement défectueux. Je dirai en passant, que le fait se présentait autrefois assez souvent au Tonkin, où d'ailleurs, la plupart des sujets étaient assez mal préparés. Nous reviendrons du reste sur ce point un peu plus loin.

L'entraînement rationnel des chevaux de courses doit durer de 6 à 8 mois au moins ; il comprend trois périodes, pendant lesquelles on soumet les animaux à un travail spécial. Chacune de ces périodes a une durée moyenne de 2 à 3 mois, sauf pour la deuxième, un peu plus courte, qui ne dure qu'un mois, un mois et demi au plus.

1ère période. — Elle commence à l'âge de dix-huit mois, pour les chevaux qui doivent courir à deux ans, vers l'âge de vingt-huit mois, pour ceux qui débuteront seulement à l'âge de trois ans. Pour les chevaux âgés, elle commence entre 6 et 8 mois avant la saison des courses.

Les chevaux pendant cette période, sont d'abord habitués à porter le harnachement, ainsi que leur cavalier, celui-ci est parfois remplacé par un sac représentant le poids du jockey entraîneur. Ce dressage, long parfois chez certains individus difficiles, est habituellement assez court. Il fait place à des promenades effectuées au pas, de 1 kilomètre 1 kilomètre 500 d'abord, puis peu à peu plus longues, que l'on fait faire aux sujets à l'entraînement, le matin et le soir, sur des pistes à sol aplani ou sur le bas côté des routes.

Le pas que les animaux doivent marcher doit être, autant que possible, un pas régulier et non une allure amblée ; quelques jours suffisent, avec de bons cavaliers, pour arriver à mettre les chevaux à un pas assez bien rhytmé. On laisse par moments le cheval prendre l'allure du trot, que l'on allonge, en évitant surtout qu'il ne prenne le trot dit « *traquenard* ». Les temps de trot sont très courts au début, ils deviennent de plus en plus longs, de telle sorte qu'au bout de trois semaines à un mois environ, les animaux, travaillant une heure le matin et autant le soir, puissent faire, sans trop de fatigue et d'essoufflement, vingt ou vingt cinq minutes de trot allongé à chaque reprise de travail. Pendant les allures lentes, on s'est efforcé d'allonger l'amplitude du pas, en poussant fortement les montures dans les jambes, et leur laissant librement allonger leur encolure.

Ainsi préparés, les animaux que l'on entraîne, vont être galopés. Vers la fin du premier mois, l'allure du trot est abandonnée et on laisse les chevaux s'échapper au galop : cette dernière allure est prise pendant 5 ou 600 mètres au plus, après cela on reprend le pas. Progressivement alors, et tous les jours, on augmente la durée du temps de galop : celui-ci s'entendant galop allongé, l'animal fortement tenu dans les rênes, de manière à favoriser l'impulsion du train postérieur. Il n'existe pas ici de règle bien marquée, indiquant les limites du temps de galop.

L'entraîneur, qui a la direction d'une écurie, doit agir surtout avec tact. En examinant la respiration, l'état général du sujet, sa manière de se comporter vis-à-vis de sa ration, il doit savoir s'il doit faire pousser l'allure, ou au contraire la ralentir, augmenter la distance à parcourir au galop, ou bien le diminuer.

Jusqu'à la fin de la 1ʳᵉ période, les animaux font du pas et du galop, ils doivent même, si l'on a procédé méthodiquement, pouvoir sans fatigue galoper plusieurs fois dans la même journée, sur des distances variant entre 1000 et 1500 mètres. Pour atteindre un pareil résultat, il convient surtout de veiller, pendant le travail au pas, à stimuler constamment les animaux de façon à augmenter l'amplitude des mouvements ; le nombre de ceux-ci au galop devient moindre pour une distance déterminée, et de la sorte, la dépense imposée à l'organisme par le fait même de l'entraînement, est réduite en proportion. Il faut, en effet, connaître cet axiome en matière de courses, que le pas du galop est d'autant plus long, que la foulée au pas ordinaire est plus importante. Afin de diminuer aussi le travail de dépense, il est nécessaire d'exercer l'appareil respiratoire et le cœur par un travail progressif ; il faut toujours craindre l'essoufflement qui, en diminuant de beaucoup la vitesse, entraine aussi une déperdition chez l'individu.

En même temps que les organes de la locomotion sont gymnastiqués et surveillés, tout bon entraîneur cherche aussi à habituer les organes digestifs à une alimentation intensive et sèche. Intensive, puisque le travail d'entraînement est fatigant et astreignant pour les chevaux ; sèche, afin de n'offrir aux tissus que le minimum d'eau, celle-ci n'étant donnée surtout qu'en boissons. Par les suées, le cheval finira par attaquer ses réserves, et son tissu adipeux disparaitra peu à peu au bénéfice de la vitesse, puisque la masse et le poids du corps diminueront.

2e *période*. — Encore dite période de repos.

Après le travail pénible qu'ils viennent de supporter, les animaux demandant un certain laps de temps, pour se remettre un peu des fatigues qui leur ont été imposées ; car même une gymnastique rationnelle, pendant la première période, aboutit à la longue, sans cela, à une usure prématurée des membres des sujets entraînés.

Le travail est donc interrompu ou tout au moins diminué, la ration amoindrie également. On commence tout d'abord à soumettre les animaux à un régime rafraîchissant ; le grain est donné en moins grande quantité et remplacé en partie par des barbotages clairs de farine d'orge, de son ; on donne aussi avantageusement des fourrages verts. Le nouveau régime a pour but de calmer l'irritation intestinale produite à la longue par l'absorption d'aliments secs. Il détermine au bout de quelques jours un relâchement général, et cela parce qu'il offre une plus grande quantité d'eau aux sujets ; ceux-ci par le fait se vident. Dans certains cas, pour arriver à relâcher le tube digestif, il est nécessaire de purger les animaux. On leur fait absorber des mashs, sortes de mélanges confectionnés avec des grains, des farines, de la graine de lin, du sel, du sulfate de soude. Celui-ci peut aussi être donné tout seul ; à faible dose souvent répétée, il détermine un engraissement assez rapide. On peut également purger les animaux en leur faisant prendre des bols d'aloès.

Pendant cette deuxième période, le travail a diminué ; le galop a été supprimé dès le début, et les animaux ne font plus que des promenades au pas. Pendant ces sorties les chevaux portent couvertures et camails, et de la sorte, ils sont moins exposés à prendre trop d'embonpoint, chose qui nuirait ensuite à la reprise du travail sérieux.

La raison d'être de la deuxième période, n'est autre que le repos que l'on donne aux membres de l'animal entraîné. Celui qui s'occupe d'une écurie doit porter toute son attention sur la musculature qu'il doit savoir conserver à ses chevaux ; aussi il ne doit pas negliger le travail au pas, au contraire, il doit même l'augmenter chez un sujet qui prendrait trop facilement la graisse.

3e période. — Si jusqu'ici l'on a procédé avec méthode, il faut qu'au début de cette dernière période, les animaux n'ayant point perdu de leur musculature, aient pris un certain état de graisse, sans exagération toutefois, et que leur appétit soit tel, que l'on puisse commencer à augmenter la ration au fur et à mesure que le travail deviendra pénible. On peut alors prescrire avec fruit le galop progressif, qui va maîtriser l'essoufflement des sujets et les conduire au galop des jours de lutte. Il n'est point besoin ici d'entrer dans des détails, pour expliquer comment il faut entendre le travail pendant la période finale de l'entrainement. Il suffit de dire en effet, que le galop d'entrainement étant une allure pénible, il convient de ne pas abuser de la longueur des temps d'exercices. Le plus sage est de procéder progressivement, en se basant sur le nombre de mouvements respiratoires, que présente le cheval qui vient de galoper. On lance par exemple un animal donné sur une distance de 1000 mètres, on note à l'arrivée le nombre de ses pulsations, de même que l'on examine également sa respiration. Connaissant ainsi les chiffres qui correspondent, soit au nombre de battements du cœur soit aux mouvements du flanc, on voit à quel moment le kilomètre a été parcouru sans trop de fatigue. Lorsque l'essoufflement est à son minimum, on allonge le parcours ; on procède de la mê_ me façon sur la nouvelle distance. On arrive alors, et sans trop fatiguer son sujet, à lui faire donner un galop allongé sur une très longue piste, supérieure même à celle qu'il doit parcourir le jour des courses. Un cheval à l'entrainement ne doit pas galoper occasionnellement, au contraire ; tous les jours si le temps le permet, il doit prendre un léger galop, car pour qu'un cheval ne soit pas surpris sur l'hippodrome, il faut qu'il soit habitué à faire quotidiennement et dans l'après-dîner même, le temps de galop qu'il marchera lorsqu'il aura affaire à d'autres concurrents. La machine animale se comporte d'ailleurs d'autant mieux que le travail qui lui est demandé est des plus réguliers.

Ainsi que l'on peut le voir, pendant la troisième période, il y a lieu surtout de galoper progressivement. L'allure du pas n'est prise qu'un certain temps dans la journée, le matin par exemple, et encore avant et après le galop.

Pendant cette période également, la nourriture donnée est de plus en plus abondante, afin d'offrir au sujet entraîné le maximum d'éléments réparateurs. Malgré ce supplément d'alimentation, la conformation du cheval galopé se modifie peu à peu. Les allures vives favorisant la sudation au détriment de l'eau de l'organisme, le tissu adipeux est brûlé. On constate un amaigrissement très sensible qui se produit sur les sujets, surtout si l'on ne leur laisse absorber que le minimum d'eau de boisson. Cette maigreur, qui s'établit, n'a rien qui doive alarmer ; au contraire, elle est l'indice de l'augmentation de l'énergie, et elle est favorable à l'allure vive, puisque le galopeur aura une masse moindre à transporter. C'est surtout pendant la troisième période, qu'il conviendra de faire fondre 'e cheval, pour employer, une expression consacrée. Quelquefois, chez certains chevaux on observe un amaigrissement trop rapide, non explicable par le travail ; dans ce cas, il y a lieu, soit de suppléer à la perte trop grande de substance par une augmentation de nourriture soit de prescrire une légère diminution du travail.

Nous voilà donc arrivés au jour des épreuves avec des sujets ayant subi toutes les phases de l'entraînement, ayant galopé progressivement et sans fatigue.

On dit d'un animal bien entraîné, qu'il est en bonne condition, qu'il est en forme. Si la limite idéale est dépassée, il est dit en condition trop haute, au dessus de sa forme : dans ce cas on aura exagéré l'entraînement. Un sujet est dit en condition trop basse, en dessous de sa forme, trop haut dans son état, lorsqu'il n'a pas subi un entraînement suffisant, qu'il est trop gras ; par contre un animal souffreteux sera dit un peu bas dans son état.

Ainsi exposé, le travail de l'entraîneur peut paraître chose assez simple, je me hâterai de dire au contraire, que le nombre de personnes s'y connaissant véritablement en matière de préparation de chevaux aux courses est assez restreint, car, s'il y a une méthode unique pour mettre les chevaux en condition, il est plus véridique d'affirmer, qu'il y a autant d'entraînements que de sujets à entraîner.

§ III

DES ÉPREUVES EN GÉNÉRAL

Les courses proprement dites, consistent dans les épreuves que l'on fait subir aux chevaux, pour juger de leur vitesse aux grandes allures, celles-ci s'entendant poussées à bout, sur une distance relativement courte et déterminée d'avance.

Le moteur cheval a de nombreuses utilités, depuis le service de la selle, jusqu'au service du gros trait. Les courses, créées en vue d'améliorer les races, sont par le fait très variées. Il existe des épreuves courues au galop, d'autres au trot. Parmi les premières, il y a des courses de plat, d'autres d'obstacles, celles-ci se divisant elles-mêmes en courses de haies et en steep'e chase Quant aux courses au trot, elles peuvent avoir lieu soit au trot monté, soit au trot attelé. Toutes en général, pour qu'elles produisent des résultats satisfaisants, doivent être soumises à des règlements spéciaux indiquant les conditions que doivent remplir les chevaux. C'est la pratique, qui la plupart du temps, a dicté les divers programmes des épreuves à courir. A l'heure actuelle, sauf de rares exceptions, les programmes des courses sont à peu près stables, les conditions des épreuves invariables. A chacune de ces dernières sont affectés un ou plusieurs prix. Ceux ci sont accordés aux propriétaires des chevaux gagnants, en vue de subvenir aux frais que nécessitent l'élevage et l'entraînement des sujets d'élite· Ils ont donc pour but de stimuler la production, tout en lui venant en aide. L'Etat entre pour une large part dans le paiement des prix ; généralement ceux-ci sont alloués par les sociétés de Courses qui en prélèvent le montant sur leur caisse.

Les Sociétés en France qui s'occupent de l'amélioration des races chevalines sont nombreuses. Les trois principales ont leur siège à Paris, ce sont : la société d Encouragement pour l'amélioration des races chevalines en France, la Société des Steeple-chase de France, la Société pour l'amélioration du cheval français de demi-sang. Ces Sociétés donnent des réunions sur des hippodromes qui leur appartiennent, et elles accordent en outre des subsides à des Sociétés de Provinces qui ont adopté leur code et leurs règlements.

PLANCHE XXII

Fleur d'Avril. — Pouliche de croisement, 5 mois 1/2, 1^m 17, châtain, par **Kérinon** (Voir planche V) et la **Mascotte.**

PLANCHE XXIII

La Mascote. — Jument tarbaise, 6 ans, 1 m. 40 mère de la précédente.

§ IV

DES PROGRAMMES

Les programmes des courses de chevaux comprennent pour une même journée, quatre ou cinq épreuves à courir suivant la saison. Ils sont établis à l avance, dans l'immense majorité des cas. Les entraîneurs sont ainsi facilités dans leur tâche, et peuvent préparer leurs sujets en vue de l'effort maximum à leur faire produire à une date connue.

Quelques règles générales président ordinairement à l'établissement des conditions des courses. C'est ainsi qu'il y a lieu de faire courir entre eux des chevaux ayant le même âge, d éliminer dans certaines circonstances. les individus ayant gagné, de chercher d'autres fois à ne mettre en présence que des sujets d'élite, etc.

Les chevaux. au fur et à mesure des succès qu'ils remportent, sont handicapés par un poids supplémentaire qu'ils doivent porter. Cette façon de faire a pour but d'égaliser les chances des chevaux qui courent ; elle permet aussi de voir si un cheval déterminé a de la qualité. Il y a lieu en effet de se rappeler que le cheval de course est destiné soit lui-même, soit sa descendance, à faire un service de selle. Ce travail exige en temps ordinaire que l'animal porte un certain poids, supérieur toujours à celui qui est imposé dans une épreuve courue à grande allure. L'idéal serait que les sujets sur les hippodromes portent un poids élevé ; malheureusement il ne peut en être ainsi, car en exigeant des rendements de vitesse de leur part, en portant un cavalier lourd, on arriverait à user prématurément, et sans avantages, leur appareil locomoteur.

Les surcharges, si faibles qu'elles soient, permettent de juger de la trempe d'un cheval donné et de sa puissance. A ce sujet, je citerai un dicton connu des entraîneurs à Chantilly, et vrai souvent, c'est qu'une livre de surcharge fait perdre une longueur à un cheval sur 1000 mètres : autant dire que ce faible excédent de poids veut un entraînement plus intensif pour le même rendement.

Le poids minimum que portent les chevaux de courses a été calculé à peu près sur le poids d'un homme adulte pesant très peu. Il convient en effet, tout en ne chargeant pas les chevaux, de ne les faire monter que par des personnes qui puissent les maitriser le cas échéant. En général, les poids de 52, 54, 58 kilogrammes sont les poids communs des courses en France. Suivant la valeur des prix, suivant l'âge des animaux, tel ou tel poids est donné comme minimum. Les surcharges dépendent surtout des courses gagnées.

Les programmes doivent indiquer aussi avec les conditions de poids, celle du degré de sang exigé chez les participants aux courses. Il est de première nécessité de ne mettre en présence que des animaux de même race, par exemple des pur sang entre eux ou des demi sang etc......

Le programme indique le trajet qui sera imposé aux concurrents. La distance à parcourir est, la plupart du temps, basée sur l'âge des animaux, plus rarement sur le prix alloué au gagnant de la course. Elle vise aussi la qualité des chevaux en présence, la pratique ayant fait connaître que plus un animal est près du sang et plus sa valeur est à même d'être appréciée rapidement, conséquemment sur de faibles distances. L'allongement du trajet n'aurait donc qu'un inconvénient, ce serait presque toujours de multiplier les chances d'usure des sujets.

De temps à autre, toutefois, on constate que certaines courses sont courues sur des distances respectables. Ces épreuves, moins nombreuses que les premières, viennent compléter les données que l'on avait sur la valeur des chevaux. Il est assez rare, en effet, qu'un animal parfait sur de petites distances ne devienne excellent sur de longs trajets, après un entrainement rationnel. Des exceptions pouvant se produire, certaines épreuves ont été créées en vue d'éliminer les sujets bons seulement dans certaines conditions. En général donc, les distances à parcourir sont plutôt courtes ; la pratique nous ayant montré que le coursier vite est aussi un coureur de fond à l'occasion. Je ne citerai que pour mémoire à l'appui de ce dire, la plupart des raids courus en France en ces dernières années, et dont les vainqueurs ont toujours été des chevaux de pur sang, autrement dit des sujets façonnés en vitesse par hérédité et par conformation.

Ceci dit, à propos des programmes, je passerai intentionnellement sous silence ce qui a trait aux entrées, forfaits, à la qualification des chevaux, toutes choses en dehors de mon étude. Je n'insisterai pas non plus sur la course proprement dite, n'ayant pris des courses en général que ce qui touche directement à la gymnastique fonctionnelle nécessitée par le travail des courses.

II

COURSES AU TONKIN

Dans cette dernière partie. nous allons étudier les courses au Tonkin, voir en quelques mots ce qu'elles ont été, ce qu'elles sont à l'heure actuelle et ce qu'elles devraient être.

Les idées que je présente me sont dictées par le but à atteindre, l'amélioration de la race. La plupart d'entre elles sont nées en moi, après l'expérience que j'ai faite en entrainant pendant deux ans en vue des courses, une certaine catégorie de chevaux du pays, pris presque toujours et intentionnellement parmi les sujets ordinaires ; d'autres, viennent des constatations qu'il m'a été permis de collationner depuis 1904, en fréquentant les hippodromes Tonkinois, où j'ai eu l'occasion de voir les résultats d'entrainements divers.

Tous les types de chevaux indigènes peuvent gagner en courses et sont entrainés dans ce but. Tel propriétaire d'écurie possède un cheval à conformation légère, enlevée, alors que tel autre, choisit ses sujets parmi les animaux grossiers, trapus. Or, le premier comme le second ont du succès avec leurs pensionnaires. Cela tient à ce que le modèle général des chevaux n'est pas un vrai modèle pour les allures allongées.

Au début de ce travail, nous avons vu les conformations diverses présentées par la race chevaline du pays ; leur étude n'est point pour nous donner satisfaction, s'il s'agit d'utiliser les sujets dans un mode de vitesse. Toutes se caractérisent par des défectuosités telles que : encolure courte et massive, genou haut placé, cuisse coupée, jarret clos et coudé, pour n'en citer que quelques-unes, et qui sont contraires à un beau branle de galop.

En pesant le pour et le contre des conformations des divers types, nous devons donner la préférence au type pur du pays. C'est le cheval du Quang-Si autrement dit du 1er type, que nous devons transformer par les courses en vue de le grandir. Dans cette variété de race, nous devons choisir les sujets présentant le moins de défectuosités. D'abord, une taille un peu élevée, 1 m 20, 1 m 22 au minimum ; une avant-main légère, un dessus rectiligne, une croupe très forte, et enfin une bonne épaisseur de membres. Cette dernière condition surtout est indispensable ; elle évitera pas mal de surprises pendant le travail pénible de l'entraînement. La couleur foncée de la robe devra être aussi prise en considération, puisqu'elle nous est un garant de l'énergie des individus. A ce sujet, il est commun au Tonkin, d'entendre dire que les chevaux isabelles et gris sont les meilleurs. Cette réputation n'a rien qui doive étonner puisque nous avons vu que 795 pour 1000 environ des animaux présentent des robes claires, alors que 205 pour 1000 seulement ont des robes foncées. Le choix s'effectue donc plus facilement dans les robes claires, en grand nombre, que sur les robes foncées en quantité plus restreinte.

Il conviendra aussi de savoir prendre des sujets à œil vif, à peau fine, recouverte de poils et crins peu fournis, indice d'une plus grande excitabilité.

Jadis, les chevaux d'hippodromes ont été choisis parmi les meilleurs, dans des lots composant certaines agglomérations de chevaux. C'est ainsi, que divers commerçants, abouchés avec quelques fonctionnaires ou sous-officiers en service dans la Haute-Région, recevaient dans leurs écuries une quantité de sujets. Ceux-ci étaient essayés au galop, sur un champ de courses ; ceux d'entre eux, qui se faisaient remarquer par une vigueur exceptionnelle, par une vitesse supérieure à celle de leurs camarades, étaient mis de côté et destinés aux courses. Les autres étaient livrés au commerce ordinaire, soit pour le service de la selle, soit pour celui de la voiture.

La sélection ainsi faite était encore imparfaite. Certains animaux, souvent éliminés par manque d'énergie au début, auraient pu rivaliser plus tard avec ceux qui étaient choisis pour le travail en courses. L'habitude de galoper servait donc aux uns, alors que le manque de nourriture pour les autres et surtout le changement de milieu, pouvaient avoir une influence sensible sur les épreuves éliminatoires, On se débarrassait de certains animaux par économie, pour ne pas avoir à nourrir des chevaux supposés inutiles.

A ce sujet, je pourrai citer le cas du cheval Macaroni, qui presque en plein entraînement, fut vendu par son premier propriétaire qui le considérait comme un cheval de 2e ordre. L'animal, dans la suite, s'est pourtant classé parmi les meilleurs cracks Tonkinois.

Les chevaux destinés aux courses ont été quelquefois des chevaux sans valeur, que certains propriétaires, pour le bon plaisir de faire courir, ont travaillé au galop une ou deux fois par semaine.

L'entraînement, d'une façon générale, était compris de la manière suivante ; les animaux promenaient au pas, une heure le matin, autant le soir. Ils étaient montés pendant les heures de travail par des indigènes, d'un poids léger généralement, pesant de 35 à 45 kg. au maximum. L'allure, que marchaient les chevaux était un pas amblé ou traquenardé, exécuté plus ou moins vite, ou bien avec une certaine nonchalance. Les temps pendant lesquels les animaux travaillaient étaient peu surveillés, et les jockeys indigènes les raccourcissaient souvent suivant leur bon plaisir. En tout cas, le travail ne subissait aucune progression bienfaisante et il n'avait lieu que par à coups.

Deux à trois fois par semaine, les chevaux étaient galopés sur les hippodromes, seuls, ou en compagnie d'autres sujets de la même ou d'une autre écurie. Suivant l'épreuve qui devait se disputer le dimanche, les galops commandés se faisaient sur une distance déterminée, en indiquant aux animaux un départ toujours affolé autant que possible, en les cravachant sur la ligne droite d'arrivée la plupart du temps.

Quelquefois, pour une raison quelconque, soit par exemple que le cheval se soit mal employé, soit encore pour lui apprendre à se développer à l'arrivée, on galopait une deuxième, une troisième fois le même jour, et toujours à toute allure et à la cravache.

Cette manière de faire, aboutissait souvent à affoler les coursiers, qui dégoûtés parfois de suivre leur train, préféraient la dérobade et même prendre la piste à rebours, que de continuer à s'allonger au galop. Certaines dérobades sont d'ailleurs restées célèbres ; trois chevaux de la même écurie, un jour à Bac-Ninh, sautèrent la corde intérieure pour raccourcir le trajet et se diriger vers les écuries.

Une tactique souvent employée, c'était aussi de laisser reposer le cheval pendant les cinq ou six derniers jours précédant la course, pour profiter d'un emballement au démarrage pour les épreuves à courir sur les faibles distances.

Souvent, les sujets étaient engagés dans une épreuve, après avoir subi un travail d'entraînement de quelques jours seulement, de quelques semaines au plus. La question d'une préparation finie importait peu ; l'idée seule que le cheval était vite, devait gagner, jointe aux exemples des chevaux vainqueurs dans les épreuves après très peu d'entraînement, suffisait à faire décider les propriétaires. La témérité de ceux-ci était malgré cela récompensée ; les programmes mal faits aidant, les chevaux nouveaux venaient quelquefois enlever une épreuve à ceux qui galopaient depuis des années.

Pendant longtemps, le seul souci de certains propriétaires d'écuries de courses, en faisant courir, avait donc été de se procurer surtout une distraction agréable. Quelques-uns même, qui ne connaissaient en rien la question de l'entraînement, confiaient à des saïs le soin de diriger leur écurie, de promener les chevaux, de les galoper, de les engager, etc. J'ajouterai même, que la plupart du temps, c'était ces propriétaires qui avaient le plus de succès, tant que les programmes n'avaient pas été bien établis, et avant que certains chevaux fussent entraînés rationnellement.

C'est dire qu'en général, le travail des chevaux de courses a été fait, jusqu'à ces deux ou trois dernières années, avec beaucoup de négligence sans l'idée qu'il devait avoir sur la machine animale une répercussion digne d'intérêt.

La plupart des chevaux ont pu figurer sur les hippodromes Tonkinois, par l'habitude qu'ils avaient de la piste du sang-froid

PLANCHE XXIV

Mignon. — Poulain de croisement, 6 mois, 1^m 20, Alezan ; par **Héros**, annamite et **Tzigane** 1/2 sang Anglo-arabe.

PLANCHE XXIV ^{bis}

Mignon. — 22 mois, 1ᵐ 36, produit de croisement ayant déjà une conformation de cheval adulte.

PLANCHE XXV

Le même, âgé de 17 mois taille 1 m 30.

PLANCHE XXVI

Tzigane. — 1/2 sang Anglo-arabe, 1ᵐ 46, Alezan, (mère du poulain **Mignon**).

qu'ils avaient acquis le jour des courses, mais non peut-on dire parce qu'une gymnastique spéciale aidée d'une nourriture intensive, leur avait été imposée. Un grand nombre de chevaux ont gagné au Tonkin, parce qu'une quantité de coursiers opposés à eux étaient mal préparés. En parcourant les annales des courses, nous trouvons beaucoup d exemples qui pourraient servir de preuves à mes assertions. Le cheval bien entrainé, d'une régularité en courses exempte de reproches, a été plutôt rare ; par contre les sujets gagnants par à-coups bizarres sont nombrenx.

Le travail d'entrainement même des meilleurs chevaux de classe n'agit que lentement. Certains coursiers ont eu la faveur du public à certains moments, et semblaient se signaler comme des amateurs de vitesse, tant leurs exploits étaient nombreux, alors qu'antérieurement ils avaient été quelconques. je citerai par exemple Gladiateur, Chistera, Quo Vadis, Domino parmi les champions. La classe supérieure, qu ils ont montré, a été dévoilée surtout après deux ou trois ans d'hippodrome.

Ces chevaux servent de véritables exemples à la thèse que je soutiens sur la longueur du travail d entrainement.

Depuis deux ou trois ans, celui-ci au Tonkin, sans être véritablement raisonné, chez quelques propriétaires encore, finit par être réel et dirigé vers le vrai but, par l'imitation obligée de certaines écuries, qui ont compris la direction d'un travail de courses.

Les animaux sont mieux préparés ; les temps de galop sont mieux calculés, moins heurtés, et l'idée que le travail progressif, méthodique. est seul capable de donner de bons résultats, sert enfin de directrice à la plupart des entraineurs.

Les programmes d'il y a quelques années n'avaient pas été suffisamment bien établis pour stimuler les efforts. Dans l'immeuse majorité des cas, le manque de ressources des sociétés de Courses au Tonkin, était le véritable mobile qui aidait dans l'élaboration des conditions des épreuves. Il s'agissait de chercher, par tous les moyens, à attirer le plus grand nombre d'engagements. Ceci dit principalement, pour les petites sociétés de la banlieue d'Hanoï.

Les chevaux de classe moyenne, de classe médiocre, avaient surtout la faveur des épreuves à courir ; c'était d'ailleurs les sujets le plus en nombre.

Les programmes comportaient une proportion relativement élevée de courses, dont les distances variaient entre 800 mètres et 1500 mètres. Presque toujours, une épreuve sur cinq, était réservée aux chevaux n'ayant pas gagné plus de deux ou trois premiers prix. Faute de fonds, on se croyait obligé de favoriser les médiocrités, au lieu de mettre souvent en présence les meilleurs coursiers.

La plupart des animaux finissaient peu à peu par se classer premiers, profitant de la surcharge de tous ceux qui s'étaient déclarés les uns après les autres, meilleurs qu'eux. Cela était évident surtout, pour tous ceux de qualité relative, en grand nombre sur les hippodromes. On peut avancer sans exagération, qu'à un certain moment, sur 20 chevaux de courses au Tonkin, ayant galopé pendant une saison, 12 à 14 environ étaient arrivés au moins une fois premiers au poteau. La plupart des sujets de cette catégorie sont restés sur un unique succès ; car sur les distances qui leur étaient familières, des surcharges fortes venaient les gêner, de même que le changement de série leur imposait des parcours trop longs. C'est qu'en effet, c'était des 4 et 500 mètres de plus qu'un cheval devait parcourir lorsque, pour une raison quelconque, il était obligé de quitter les camarades de piste, qu'il avait l'habitude de rencontrer. Sur des distances plus grandes, il débutai contre des professionnels des parcours allongés ; ces derniers ne pouvant se présenter dans les courses de vitesse, réservées aux débutants et aux sujets de valeur médiocre.

Les conditions de poids étaient souvent exagérées. Tel cheval, du jour au lendemain, devait porter de deux à quatre kilos de surcharge pour lutter contre des adversaires qu'il avait souvent battu à grand peine. En comparaison de la petite taille des chevaux, les excédents de poids étaient un peu forts. Il arrivait de la sorte, qu'un cheval devait être entraîné pendant près de un an, quelquefois plus, et attendre que les anciens fussent surchargés, pour qu'il fût à même de figurer dans les nouveaux parcours qui lui étaient imposés.

Le résultat de tout cela, c'est que le vrai cheval ne se faisait jour qu'à la longue. Deux ou trois ans d'hippodrome étaient souvent nécessaires pour le classer ; encore fallait-il, qu'au cours de sa carrière, il n'eût pas subi les effets néfastes d'un claquage ou d'un surmenage trop violent.

Les anciens errements aidaient par conséquent à l'entraînement lent des animaux.

Si l'entretien d'un cheval au Tonkin coûtait plus cher, si les frais généraux étaient aussi plus élevés, il n'existerait plus guère à l'heure actuelle, d'écuries de courses dans la Colonie. Il faut véritablement rendre hommage à tous ceux, qui pour une raison quelconque ont sacrifié de leur argent, en vue des courses, car ils ont payé sûrement cher, la distraction que la passion du cheval a pu leur procurer.

L'administration aussi s'est désintéressée un peu trop de la sélection, que devait préparer les courses. Les bons chevaux, puisque l'on manquait de producteurs, auraient dû être achetés au bout d'un certain temps d'entraînement. Tous les ans, par exemple, à l'issue de la saison des courses, des acquisitions auraient pu être faites. Ce qui a peut-être empêché les achats, c'est le prix relativement élevé que les bons spécimens auraient atteints. Leurs propriétaires, peu soucieux de s'en défaire, se seraient montrés exigeants. Mais, puisqu'il fallait reconstituer la race, pourquoi avoir hésité ? On a voulu attendre, et par le fait, on a augmenté les dépenses qu'aujourd'hui on doit engager par nécessité.

Une réglementation rigoureuse imposée aux sociétés de courses, aurait dû aussi faire connaître le but utilitaire des épreuves de vitesse. Des comités, sérieusement composés, auraient eu pour mission d'assurer le respect des règlements et la charge de confectionner les programmes suivant les besoins de la cause. Au contraire, des personnes remplies de bon vouloir, mais la plupart du temps non compétentes, assumaient la tâche de commissaires pendant les courses, et guidées seulement par l'idée de satisfaire l'opinion, élaboraient des programmes répondant aux demandes de telle ou telle écurie.

J'en ai assez dit jusqu'ici, sur ce qu'étaient les courses au Tonkin, pour ne pas à avoir à insister sur leur peu d'utilité, telles qu'elles avaient été conçues.

Ce quelles sont aujourd'hui, doit déjà nous donner une plus grande chance de réussite dans l'amélioration.

Dans le numéro du 10 Septembre 1906, une note parue au journal officiel de la colonie, rappelait aux principales sociétés de courses, que le but poursuivi en faisant courir était surtout de favoriser la sélection des reproducteurs. Cette note, approuvée par le conseil de perfectionnement de l'élevage, et plus tard par

arrêté en date du 15 Août 1906 par Monsieur le Gouverneur
Général, indiquait aussi quelques données, qu'il importait de ne
pas perdre de vue, et que les divers comités devaient prendre en
considération pour établir les programmes.

Je les citerai ici :

*Indications pour servir à l'établissement des pro-
grammes des sociétés de courses en Indo-Chine.*

I. — CHEVAUX INSCRITS.

*Sont qualifiés « inscrits » les chevaux figurant au registre d'ins-
cription tenu à Hanoi, sous le contrôle du Conseil de perfectionnement de l'élevage en Indo-Chine, par le Secrétaire Général de ce
Conseil.*

*Des registres secondaires sont tenus à Saigon, Hué, Pnom-Penh,
Vientiane, sous le contrôle des Comités locaux de l'élevage et du
Chef de l'Administration locale. Des relevés des inscriptions faites
sur ces Registres secondaires sont adressés, le 1er de chaque tri-
mestre, au Président du Conseil de perfectionnement de l'élevage en
Indo-Chine, pour être annexés au Registre central.*

*Tout cheval inscrit est muni d'un feuillet constatant son âge, son
origine et son numéro d'inscription, sur lequel pourront être ultérieurement indiqués tous renseignements utiles, authentifiés au besoin, concernant ce cheval.*

*Peuvent seuls être inscrits, sauf l'exception ci-après, les produits,
nés et élevés en Indo-Chine, d'un étalon de l'Administration, ou ap-

prouvé par elle, munis d'un certificat régulier de naissance et d'origine. La déclaration, en vue de l'inscription, doit être faite dans le délai d'une semaine à partir de la naissance.

Les chevaux entiers, d'origine annamite ou provenant des provinces chinoises limitrophes de l'Indo-Chine, non munis de certificat de naissance régulier, mais dont l'origine, l'âge et la conformation comme aptitude à la reproduction, seront constatés par une Commission spéciale déléguée par le Conseil de perfectionnement ou les Comités locaux pourront être inscrits.

A titre transitoire, et seulement jusqu'au 1er Janvier 1908, des chevaux et poulains n'ayant pas un certificat de naissance, pourront être inscrits, si l'on peut prouver leur âge et attester leur origine, par des témoignages de la validité desquels le Conseil de perfectionnement ou les Comités locaux seront seuls juges.

Les chevaux actuellement inscrits sur le Registre spécial de la Société d'Encouragement du Tonkin et de l'Annam seront reportés sur le Registre central d'inscription tenu par le Secrétaire Général du Conseil de perfectionnement de l'élevage.

II. --- SAISON DES COURSES

Les courses sont autorisées du 1er Octobre au 15 mai, sauf les cas exceptionnels qui seront soumis à l'approbation du Gouverneur Général.

III. — AGE DES CHEVAUX

Les chevaux ne sont autorisés à courir qu'à partir du 1er octobre de l'année où ils ont atteint l'âge de trois ans. Les chevaux de trois ans ne peuvent courir qu'en plat.

Les chevaux prennent an au premier janvier de chaque année.

Le poulain prend un an le premier janvier qui suit la naissance.

A partir du 1er Janvier 1908, les chevaux non inscrits seront considérés comme ayant l'âge le plus élevé indiqué dans les conditions des courses où ils sont engagés.

Les chevaux de trois ans peuvent courir (en plat du 1er octobre au 1er janvier) entre eux et avec ceux de quatre ans, mais non avec les chevaux plus âgés.

Ne seront plus admis à courir, à partir de la saison 1907-08, les chevaux de plus 10 ans et, à partir de la saison 1908-09, les chevaux de plus de 9 ans.

IV. — ECHELLE DES POIDS

Les poids normaux pour âge, en plat et en obstacles, sont fixés comme suit :

3 ans		40 kg.
4 —		42 —
5 —		45 —
6 —		46 —
7 —	et au dessus	50 —

Ces poids peuvent comporter des surcharges et des décharges, suivant les conditions de la course. Toutefois, les chevaux de 3 ans ne devront jamais porter plus de 45 kg et les chevaux de 7 ans plus de 50 kg.

Les juments et pouliches bénéficient d'une décharge de 2 kg. sauf, bien entendu, dans les handicaps.

Dans toutes les courses, sauf les handicaps, les chevaux non inscrits supporteront une surcharge de 2 kg.

V. — DISTANCES

Les courses au dessous de 1200 mètres sont interdites, sauf pour les chevaux de trois et 4 ans. Ceux-ci ne peuvent courir que sur 800 mètres à 2000 mètres.

Les courses de plat, de haies et les steeple-chases forment trois catégories indépendantes. Les qualifications et surcharges sont distinctes pour chacune d elles.

1° Prix à réclamer,

Les sociétés de courses sont autorisées à donner en prix de cette nature, que 10 o|o au maximum de la somme totale allouée par chacune d'elles en prix.

Le montant de ces prix à réclamer et le prix de réclamation ne pourront respectivement excéder 150 piastres.

PLANCHE XXVII

Fantaisie. — Pouliche de croisement, 18 mois, 1 m. 23 : par **Griffon annamite-breton** et **Toinette**, jument tarbaise, 1 m. 45.

PLANCHE XXVIII

Fuchsia. — Pouliche de·croisement, 5 mois 1[2 ; 1 m 18, bai clair, par **Kérinon** annamite (voir planche V) et **Lutine** 1[2 sang par **Tardif**, pur sang anglais.

2° Handicaps,

Le montant des handicaps ne pourra excéder 300 piastres.

Le gain d'un handicap entraînera une surcharge de 1kg. par 100 piastres pour toutes les courses postérieures de même nature (plat, haie, steeple) sauf pour celles où les chevaux courent strictement à poids pour âge, sans autre décharge que celle du sexe et autre surcharge que celle des animaux non inscrits.

Les Sociétés ne sont autorisées à donner, en prix de cette nature, que 10 o|o au maximum de la somme allouée par elles en prix.

3° Prix de série,

Les conditions des prix de série indiquées ci-après ne sont pas impératives, elles sont fournies pour guider dans l'élaboration des programmes et pour servir de base en vue d'arriver à une entente entre les diverses Sociétés de courses de façon à assurer un degré convenable d'uniformité. Il est très désirable notamment, sinon indispensable, que les conditions des prix de série soient identiques pour toutes les Sociétés de courses d'un même pays.

Il est prévu trois séries.

Les montants des prix sont :

3e série	100 piastres
2e "	200 "
1ère "	3 à 400 "

Les distances sont :

	Plat	Haies	Steeple chase
3e série	1200 à 1500 m.	1600 à 2200 m.	2000 à 2400 m.
2e "	1600 à 2200	2300 à 2700	2500 à 2900
1ère "	2300 à 3000	2700 à 3300	2900 à 3500

Les chevaux courent à poids pour âge. Dans chaque série exclusivement, et pour les courses de même nature seulement, (plat, haies ou steeple), les chevaux encourent une surcharge de 2 kg. pour chaque prix de cette catégorie gagné.

Tout cheval ayant gagné 3 prix d'une série n'est plus qualifié pour cette série. Tout cheval, ayant gagné ou un prix d'une série supérieure ou hors série ou un prix équivalent aux prix hors série, n'est plus qualifié pour une série inférieure.

Prix hors série. — Le minimum du montant de ces prix sera supérieur de 100 piastres au montant des prix de 1ère série. La distance sera, en plat, de 2500 à 3600 mètres, en haies et en steeple, de 3000 à 4000 mètres. Poids pour âge. Surcharges ; un demi kilogramme par prix gagné en 2e série ; deux kilogrammes par prix gagné en 1ère série ; 1 kilogramme par cent piastres gagnées dans les handicaps, les prix hors série au prix équivalent.

Les gagnants des prix hors série pourront être achetés par les haras de l'Administration pour une somme égale au montant du prix.

Le total des prix de série et hors série devra être égal à 40 o|o au moins de la somme totale allouée en prix par chaque Société.

4º Courses diverses.

Les conditions des courses qui ne rentrent pas dans les catégories qui précèdent feront l'objet d'un examen particulier.

Il importe d'éviter de favoriser les chevaux âgés de près de 7 ans ; et surtout ceux ayant déjà fait preuve de qualités, que leurs propriétaires continuent à faire courir alors qu'il serait extrêmement désirable, dans l'intérêt supérieur de l'élevage, qu'ils soient, pour la plupart, consacrés exclusivement à la reproduction. On devra prévoir, en conséquence, pour ces animaux des surcharges relativement élevées, suivant les sommes qu'ils ont antérieurement gagnées. Les chevaux de 5 et 6 ans devront bénéficier vis-à-vis d'eux d'une différence de poids notable. On peut admettre, par exemple, que la différence des poids pour âge étant mise à part des décharges soient accordées aux chevaux de 5 et 6 ans n'ayant jamais gagné ou dont les gains sont inférieurs à une certaine somme et que, par ailleurs, les surcharges encourues pour un gain déterminé soient plus élevées pour les chevaux de 7 ans et au dessus que pour ceux de 5 et 6 ans.

Il serait avantageux, à tous égards, de réserver les grands prix et les grandes courses classiques, qui pourraient être créées, aux chevaux de 5 et 6 ans, et surtout aux premiers, à l'exclusion de chevaux plus âgés. Il est peut être prématuré d'imposer, dès maintenant, des conditions de ce genre mais les propriétaires d'écuries de courses devront être prévenus, dès à présent, de leur mise en vigueur d'ici 2 ou 3 ans.

Il faut tendre à ce que ces animaux ayant fait preuve de qualités et gagné des sommes assez importantes soient, autant que leur conformation le permettra, consacrés exclusivement à la reproduction au delà de 6 ans, c'est-à-dire à un âge où ils ne sont pas encore usés, à partir duquel ils pourront, pendant longtemps, rendre d'excellents services comme étalons, leur organisme ayant pu recueillir, au point de vue de l'aptitude à la reproduction, les bons effets d'un sage entrainement sans subir, outre mesure, la fâcheuse influence d'un entrainement excessif ou trop prolongé.

Il faut, en conséquence, que les animaux de choix puissent rapporter à leurs propriétaires, avant d'avoir atteint leur septième année, des sommes suffisamment importantes pour justifier les surcharges qu'on leur imposera ultérieurement de manière, qu'à partir de 7 ans, la carrière de courses ne leur étant plus profitable, on soit amené à les employer exclusivement comme étalons.

5° Courses réservées aux produits de croisement.

A partir de 1910, des courses, dans une proportion assez importante, qui sera indiquée ultérieurement, seront obligatoirement réservées aux produits de croisement. Ces produits peuvent d'ailleurs courir dans toutes les courses en général pourvu qu'ils soient nés et élevés en Indo-Chine....

6° Dispositions transitoires.

Pour les chevaux ayant déjà couru avant la saison 1907-08, les qualifications et surcharges seront déterminées par comparaison des prix antérieurement gagnés avec les montants des prix et les surcharges indiquées dans les types de courses qui précèdent.

Tout cheval n'ayant jamais gagné, sera qualifié à poids pour âge dans les prix de 3e série. Le gain antérieur d'un prix de 100 piastres équivaut à celui d'un prix de 3e série, d'un prix de 200 à celui d'un prix de 2e série etc.

VI. — PRIMES AUX ÉLEVEURS.

Les Sociétés accorderont une prime de 10 0/0 du montant du prix à l'éleveur du gagnant et les 5 0/0 à l'éleveur du second, dans les courses hors série et les grands prix, sous condition que ces gagnants et ces seconds soient inscrits.

VII. — DISPOSITIONS DIVERSES.

Les chevaux hongres ne sont admis à courir que dans les prix à réclamer.

Un cheval ne peut courir deux fois dans la même réunion, sauf dans le cas de deadhead.

Les sociétés devront prendre des mesures sévères pour la répression du doping.

Le paragraphe I est un progrès en vue de la sélection. L'authenticité des coursiers est enfin exigée.

Le même paragraphe porte au 1er janvier 1908, la limite d'inscription des chevaux n'ayant pas une origine. Cette date est un peu prohibitive ; il suffit, pour s'en rendre compte, de connaître le peu de naissances, par les étalons de l'Administration, qui ont été enregistrées en 1905 ; de plus, il faut se souvenir que ces étalons n'ont pas été exempts de reproches, au point de vue conformation. D'ailleurs la date fut reculée depuis.

Mieux eût valu, ce me semble, ou bien favoriser par le poids les chevaux inscrits dans les courses, ou encore leur réserver certaines d'entre elles. La solution la plus heureuse aurait été d'établir un droit plus ou moins élevé, et suivant l'âge, que tous les chevaux non tracés auraient dû payer pour leur inscription officielle. Cette mesure n'aurait en rien entravé les achats de chevaux, elle aurait facilité la création d'une caisse, dont les fonds auraient été destinés à l'acquisition d'étalons.

La saison des courses du 1er Octobre au 15 Mai est un peu longue. Au point de vue du rendement des chevaux, une période d'un mois de repos, au moment du crachin par exemple, n'aurait pas été de trop. Pourquoi exiger de certains animaux 7 mois et demi de travail intensif, sans compter les deux ou trois mois d'entraînement, avant l'ouverture de la saison, ne les laissant ainsi reposer qu'un mois, deux mois au plus par an.

Le paragraphe 3, concernant l'âge des chevaux, autorise les animaux à courir à partir du 1er Octobre de l'année où ils ont atteint l'âge de trois ans. Sans être trop rigoriste, et eu égard au développement lent de l'espèce chevaline dans la colonie, la date du 1er janvier indiquant l'âge de 4 ans eut été préférable. En effet, pour courir le 1er Octobre, les poulains doivent être préparés dès le mois d'avril ou mai. C'est la période des grosses chaleurs de l'été, assez pénible à supporter. En reculant les débuts des jeunes coursiers, leur entraînement pourrait se faire pendant la belle saison, en dehors des grosses pluies, sans crainte de les débiliter outre mesure par des galops pris par des températures trop élevées.

Vient ensuite l'échelle des poids dans laquelle des poids normaux pour âge sont établis d'après un taux exagéré. Il faut tenir compte dans la fixation des poids que nous cherchons à stimuler la vitesse, à décharger les membres pendant le travail, et non à nous mettre en rapport avec le poids ultérieur que doit porter un cheval de service.

En France, un cheval de cavalerie légère, de taille de 1m 50 environ, porte 110 kilos en campagne, alors qu'un cheval d'un type à peu près analogue, supérieur même comme qualité, ne porte en courses que 50 à 58 kilos, par conséquent, la moitié du premier poids au maximum. Au Tonkin, le cheval de service de 1m 20 porte environ de 70 à 85 kilos avec son harnachement. Le maximum en courses ne devrait donc être que du 38 à 40 kilos environ. C'est pour cela que le poids de 40 kilos, poids normal pour tous les âges, devrait être adopté. Ce chiffre permet d'ailleurs l'utilisation de jockeys suffisamment lourds. Suivant l'âge des animaux, des remises pourraient être accordées, et suivant les performances des surcharges seraient imposées.

Quant aux distances et aux types de courses que les modifications du journal officiel ont donné, c'est la partie de la règlementation qui semble la mieux étudiée. Une chose seulement, dont il n'a pas été suffisamment tenu compte, c'est de la vitesse qu'acquièrent à la longue les sujets entraînés. Pourquoi donc, au moment où ces derniers sont susceptibles de fournir une bonne pointe de galop rapide, ne pas prévoir de temps à autre des courses sur de petites distances, à faibles poids, pour les vétérans seulement. Ces épreuves serviraient de contrôle entre les rendements des diverses générations, elles nous permettraient aussi, d'étudier les résultats que l'entraînement aurait pu faire acquérir, puisque le même sujet serait vu tous les ans sur le même parcours et au même poids. Les petites distances voudraient aussi, que de temps à autre, les grands galopeurs aient un peu leurs membres reposés.

Comme les courses doivent aussi servir à la domestication d'une race chevaline, conséquemment agir un peu sur le caractère des animaux, les épreuves d'obstacles auraient mérité un léger perfectionnement. Prenons par exemple, les courses de haies. Il est un fait commun, c'est que tous les chevaux de plat arrivent à gagner en haies. Les obstacles dans ces courses sont peu importants, en tout cas, ils sont toujours disposés de telle façon qu'ils barrent complètement la piste. Il est assez facile de faire courir, en huit jours de préparation une épreuve de haies à un cheval de plat.

Les haies devraient limiter seulement les 2/3 de la piste, pour q ue la franchise aux obstacles soit une des qualités possédé e par les gagnants.

Dans les steeple chases également, certains obstacles offri-aient un champ libre pour le cheval vicieux ; alors que tout st ; disposé pour faciliter la tâche des jockeys et des animaux sur la piste.

A propos des prix hors série, nous avons vu que la nouvelle règlementation indique que les gagnants peuvent être achetés pour une somme égale au montant du prix. Cette mesure est excellente, puisqu'elle permet d'acquérir certains bons chevaux, à un prix très rémunérateur pour le propriétaire.

Les prescriptions de la note officielle, qui suivent les prix hors série, sous le titre " courses diverses ", engagent également les Comités à réserver le plus grand nombre de prix aux che-vaux de 5 et 6 ans comme aussi, à favoriser fortement par le poids ces derniers, luttant contre des animaux plus âgés. Tou cela est dicté par la sage précaution, qui vise l'utilisation des chevaux comme reproducteurs, après un certain temps d'entraî nement.

On aurait pu ajouter aussi que les animaux, après le 1er octo-bre de l'année où ils ont atteint l'âge de 8 ans, ne pourraient courir qu'aux conditions suivantes : seulement dans les course où les premiers prix n'excèderont pas par exemple la somme de 150 piastres. Dans le cas où ils prendraient part à une course dont les prix seraient supérieurs, l'excédent serait versé dans la caisse que l'Administration aurait créée pour l'achat d'étalons, sans préjudice de la surcharge que le prix total gagné entraî nerait.

En procédant de la sorte, les vieux chevaux pourraient être utilisés. Certains d'entre eux, ne se signalant que par leur bon

PLANCHE XXIX

Marmot. — Poulain de croisement, 5 mois, 1 m. 18, alezan ; par **Fritz** anna-mite et **Lagos** 1 m. 40, 1/2 sang anglo-arabe.

PLANCHE XXX

Moulin rouge. — Poulain de croisement, 5 mois, 1 m. 21, bai, par **Sloss** (voir planche XIX) Totoche, 1 m. 45, 1/2 sang, Anglo-arabe

travail en courses, et mauvais à choisir comme reproducteurs, serviraient d'entraîneurs à d'autres mieux conformés.

Enfin, au moment des achats d'étalons, les prix qu'il serait permis d'offrir seraient tels, que l'offre finirait par être suffisante. Au contraire, présentement, il est très difficile de se procurer de bons sujets.

Je ne préconise nullement l'élimination des vieux chevaux, au contraire, je les utilise à l'achat de bons étalons. Puisque le Protectorat a besoin d'améliorer la race, il serait juste, que sans empêcher le libre travail des courses, il prélève une certaine prime sur ceux qui se mettent en dehors des règlementations qu'exige le but à atteindre.

Les chevaux de croisement ne devraient courir qu'entre eux. Il est inadmissible, en effet, de mettre en présence des animaux d'un degré de sang différent. En tout cas, si certaines épreuves devaient réunir des représentants de l'espèce de pur sang du pays, et d'autres dont les origines indiquent un tempérament prédisposé au galop allongé, il y a lieu de surcharger les produits de croisement. Ceux-ci bénéficient d'ailleurs d'une taille plus élevée en général, comme aussi d'aptitudes de galopeurs que le cheval annamite est loin de posséder. Le poids normal de 45^{kg}, pour les sujets de croisement, serait, je crois, un poids très favorable pour mettre en harmonie les deux variétés de chevaux luttant entre elles.

J'ai dit, au fur et à mesure que j'ai exposé les courses telles qu'elles sont comprises aujourd'hui, ce qu'elles avaient encore de défectueux. Je n'insisterai donc pas pour décrire à nouveau ce qu'elles devraient être. Je résumerai seulement ce qui a été dit :

1º Les chevaux non inscrits paieraient une prime.

2º La saison des courses serait marquée par un temps de repos dans son milieu.

3º Les chevaux débuteraient au 1er janvier de leur quatrième année.

4º Le poids normal pour tous chevaux devrait être de 40
kilos. Tous seraient chargés par rapport à leurs gains en
courses.

5º Des courses de petites distances seraient réservées aux
vétérans.

6º Les parcours de haies seraient rendus plus difficiles, les
obstacles ne barrant pas toute la piste.

7º Les chevaux âgés de plus de 8 ans ne pourraient jamais
gagner plus d'une certaine somme comme 1er prix à la fois.

8º Les chevaux de croisement ne lutteraient qu'entre eux,
les chevaux classés de pur sang également entre eux, sauf en
de races exceptions.

9º Les achats annuels d'étalons seraient faits par l'Administration, selon les besoins, à l'issue de la saison des courses.
Même des chevaux claqués ou fatigués, mais présentant de
très belles conformations pourraient aussi être acquis à cette
époque, car, on le sait par expérience, les accidents de courses
ne se transmettent pas.

j'en aurai fini, quand j'aurai parlé de l'entraînement qu'il conviendra d'adopter pour la race chevaline annamite.

L'entraîneur au Tonkin, lorsqu'il commence à préparer un cheval pour les courses, s'adresse, le plus souvent, à un animal soumis depuis son jeune âge à une alimentation insuffisante. Il faut par conséquent, que son attention se porte d'abord sur la nourriture qu'il doit donner à son nouveau sujet, car il vaut mieux le substanter pendant quelques jours avant de commencer à le travailler. Mais, pour le nourrir intensivement, il y a lieu d'exciter sa muqueuse digestive. Tout-à-fait à l'origine, une bonne purgation au sulfate de soude sera bienfaisante : elle stimulera d'emblée l'appétit. Progressivement ensuite, on soumet le cheval à un régime de 4 kilos de paddy par jour, et à une botte de bambous à chacun des deux repas de la journée,

Au bout d'une dizaine de jours, le travail au pas est commencé. Il dure environ une demi-heure, exécuté en une seule fois. Sept à huit jours après, on constate que l'animal a pris un peu d'énergie ; on prolonge le temps de pas de cinq à dix minutes par jour, jusqu'à concurrence d'une heure au total. On a ainsi des chevaux qui, au bout d'une quinzaine, peuvent être soumis à l'allure du trot énergique. Celui-ci est pris environ dix bonnes minutes dans la journée.

Il est important surtout, que les deux allures, pas et trot, soient régulières et vites ; le pas amblé, le trot traquenard rompu, n'étant pas favorables du tout à un pas de galop allongé.

Il convient donc de dresser les indigènes, préposés à la monte des animaux, à savoir mettre ceux-ci à des allures bien cadencées, où toutes les foulées sont bien marquées. Pour cela, il faut les empêcher surtout d'embarquer leurs montures au trot, en saccadant sur la bouche, ou de les pousser au pas de la même façon. C'est l'encolure basse, qu'il faut rechercher sur le cheval, et si possible, une certaine dureté de bouche pour que l'impulsion soit meilleure.

Le pas, auquel est soumis le cheval à l'entraînement, doit toujours être rapide. Il faut stimuler en permanence l'animal, pour que l'allure lui serve de véritable gymnastique. L'expression de promenade au pas est donc impropre ; celle de travail au pas est plus vraie, si l'on envisage le but des courses chez un animal.

Pendant près d'un mois, le pas et le trot, que l'on augmente peu à peu d'ailleurs, sont les deux seules allures que doit marcher un sujet à entraîner.

J'ai constaté moi-même, qu'il arrive que certains chevaux sont très difficiles à mettre à l'allure régulière au pas ; que chez d'autres, le trot se caractérise par une marche plus ou moins sautillante, traînante, sorte de traquenard rompu ou d'amble, quoiqu'on fasse au début pour les ramener, les rendre confiants dans la bouche. Le premier dressage de ces chevaux, par les indigènes, a été néfaste ; aussi, il est long, souvent même presque impossible, de les remettre à point. La personne qui entraîne, n'a pas toujours le temps de monter tous ses chevaux, et, comme au Tonkin, la taille de ceux-ci se prête mal à une monte agréable, il existe une façon de procéder, pour les faire dresser par les jockeys eux-mêmes. Il faut, lorsqu'il s'agit des animaux spéciaux dont je viens de parler, commander quelques galops dès le début du travail d'entraînement. L'allure raccourcie est suffisante ; dans d'autres cas, il faut l'allonger un peu. Le galop n'est pris que fort peu de temps : il n'a qu'un but d'ailleurs, c'est d'indiquer à l'Animal, que l'on veut lui placer la tête assez basse, dans tou-

PLANCHE XXXI

Cri-Cri. — Poulain de croisement, 4 mois 1/2, 1ᵐ 14. isabelle par **Namao,**
annamite. (voir planche VIII) et **Affable** australienne (voir planche XVII).

PLANCHE XXXII

Caveçon. — Poulain de croisement, 4 mois 1/2, 1 m. 12; par **Gladiator**, annamite et **Absinthine** australienne (Voir planche XVIII)

tes les allures qui lui seront commandées. Aussi, pour que l'allure allongée puisse venir en aide dans le dressage, il convient surtout de ramener le cheval, la tête verticale pendant le galop, et principalement de l'arrêter toujours en position de tête bien placée sous l'encolure. Ce dernier exercice sert d'assouplissement, au balancier représenté par la tête et l'encolure, jusqu'au moment où bien placé, ce même balancier devra être fixé, devenir rigide en position horizontale autant que possible, pour favoriser l'appui. Quelques séances de galop court suffisent, la plupart du temps, à obtenir un résultat satisfaisant.

Pour ne pas perdre le bénéfice de celui-ci, l'entraîneur doit bien surveiller les jockeys et les saïs pour que d'eux-mêmes ils ne détruisent les bons effets que l'entraînement pourrait donner. Nous savons tous, que les indigènes sont peu soucieux de nous venir en aide, et que leur seule préoccupation est d'avoir plutôt des chevaux dont les allures sont amblées. Pour eux, stimuler constamment un animal par les jambes, est chose négligée et inutile, puisqu'elle est fatigante pour le cavalier.

Les animaux, ayant marché au pas pendant un mois ou un mois et demi, font, si l'on a agi avec progression, environ une heure et demie de pas, un quart d'heure à une demi-heure de trop en deux reprises, ; ils peuvent alors être galopés. On prendra la précaution d'éviter d'affoler les animaux : on ne commandera pas non plus, un galop trop précipité, qui essofflerait dès le début, et qui empêcherait de tenir l'allure. D'ailleurs en débutant, le mieux est de faire faire des galops courts et répétés.

Puisqu'il s'agit de galoper, j'analyserai ici deux méthodes d'entraînement. L'une veut des galops longs, sans exagération, l'autre des galops rapides, mais de peu de durée. Les deux façons de procéder ont du bon. La première donne de la musculature, et à

la longue gymnastique l'appareil respiratoire, alors que la deuxième cherche à maîtriser les poumons, dès le début, pour favoriser
la vitesse.

Je suis assez partisan de varier l'entraînement suivant les
sujets. Pour un animal solidement charpenté, ayant du gros,
du muscle, les galops à vive allure seront préférables. Un cheval
manquant d'état, n'ayant jamais travaillé, exigera au contraire
des allures courtes, maintenues.

En tout cas, les deux méthodes peuvent être adoptées; mais
l'une ou l'autre, suivant le cas, aboutissent à gagner du temps,
chose très appréciable.

Une distance très favorable au galop, dans le travail du
cheval du pays, est le kilomètre. Pendant l'entraînement, on
peut sans inconvénient travailler les chevaux sur le parcours
en question, à petite comme à grande allure. Les résultats que
l'on obtiendra seront très satisfaisants. Voici d'ailleurs la façon
de procéder qui, avec le cheval du pays, donne le maximum de
réussite.

Quand on commence l'allure du galop chez un cheval, on lui
fait faire 1000 mètres ; tous les deux jours, on ordonne le même
exercice. Entre temps, l'animal est promené au pas ; cette
dernière allure a été augmentée à un point tel, que 1000 mètres
de galop faits un jour, sont remplacés le lendemain par une
heure et demie, deux heures de pas. Suivant l'état des animaux,
suivant leur appétit aussi, on diminue de cinq ou dix minutes
par jour l'exercice lent. Les temps de trot ont été supprimés.

Le cheval est ainsi travaillé au galop sur un kilomètre de
piste, tous les deux jours ; au pas pendant une heure et demie

deux heures pendant les jours intermédiaires. Tel est le début de la période de galop.

Les vitesses, que donne le cheval, sont chronomètrées de temps à autre. Une sage précaution, c'est de recommander surtout de ne pas affoler les départs, comme également de ne pas cravacher sur la fin de l'exercice.

Le début de l'allure galop, doit s'entendre galop allongé mais tenu ; les 200, 300 derniers mètres ont laissé l'animal donner un peu plus fort, toujours tenu autant que possible. Le travail dans ce cas est très salutaire ; le sujet entraîné prend plus vite une bonne musculature, conserve un certain calme, qu'il sied de retrouver toujours sur un bon cheval de course ; enfin chez lui, peu à peu, le pas de galop devient plus long. Il est très important de se rappeler en toutes circonstances, que le point d'appui dans la bouche, favorisant l'impulsion en avant, est une des conditions de la vitesse.

On remarque très souvent, quelque temps après que la période du galop a commencé, que le cheval apparait qu'il délaisse une portion de sa ration. Il ne faut pas trop attacher d'importance à cette manifestation de lassitude. Il n'y a pas lieu d'interrompre le travail ; on peut se contenter simplement de diminuer pendant quelques jours le temps de pas, ou encore, de ne faire faire que des galops lents. Avec l'appétit meilleur, l'exercice actif reprendra dans la suite.

Pendant un mois, le travail d'entraînement ne doit pas subir de modification sensible.

Il est utile, à deux mois du début, de faire prendre, en une semaine ou dix jours, quatre ou cinq galops très longs aux sujets ; par exemple 3000 mètres très lentement, 1000 mètres comme les galops ordinaires.

La période de repos doit commencer à ce moment là, si l'on veut aller un peu vite. Une quinzaine de jours, à peu près, sont accordés aux animaux qui pendant ce temps ne font que du pas ; on profite de cette période pour purger à deux ou trois reprises les sujets.

Passé ces deux semaines de repos, on galope une fois la première semaine, deux fois la 2e, trois la 3e, et les suivantes, en continuant jusqu'au moment des courses.

Les trois premiers galops se font sur mille mètres à bonne allure ; puis on alterne un galop de 2000 mètres demi-train avec un galop rapide. Puis viennent des galops plus stimulés, assez longs, de 1500 mètres 1800 mètres, mais seulement une fois la semaine.

Une recommandation excellente, c'est de charger les animaux aux allures lentes, alors que les poids de 40 à 45 kilos au maximum, sont pris pour des galops rapides. De la sorte, on ne surcharge pas trop les membres de l'animal quand celui-ci est travaillé à allure vive.

La même gymnastique peut être conseillée jusqu'au jour des épreuves publiques. Elle est suffisante pour les débuts, ceux-ci se faisant toujours sur des trajets relativement courts ; elle l'est aussi pour plus tard, car pour des courses plus importantes, il suffira de galoper de temps à autre sur des distances plus grandes. En tout cas, on peut se rendre compte que l'entraînement, tel que je le préconise, est toujours supérieur comme rendement à celui du jour où les prix sont disputés. Courir une course, pour un cheval, est pour lui une moindre fatigue que de travailler à l'entraînement en tant que travail relatif. Comme l'excitation en public, et l'affolement qui se produit à l'action de la cravache commandent une grande dépense d'énergie il faut pour que l'idéal de l'entrainement soit atteint, mettre les chevaux dans une condition telle, que leur organisme soit en équilibre de dépense pendant les jours ordinaires et les jours de courses. Tel est brièvement esquissé le travail d'entrainement au Tonkin.

Pour ne pas constater trop de mécompte par cet exercice pénible, il conviendra de ne pas oublier qu'une nourriture intensive doit être accordée aux animaux.

Dès le début, la ration de quatre kilogrammes de grains est suffisante, alors que l'on ne fait faire que du pas ; à la fin du premier mois la ration devra être portée à 5 kilos. Pendant les débuts de la période de galop il est assez difficile de faire absorber une ration aussi forte à un cheval du pays. En lavant bien le paddy, en additionnant à la ration environ deux à trois grammes de sel à chaque repas, on finit toutefois par avoir raison du dégoût de l'animal. La ration d'ailleurs doit être augmentée, quand on le pourra, et atteindre le taux de 6 k. 500 environ de grains.

Journellement un cheval de courses doit aussi consommer 250 à 300 grammes de sucre en poudre mélangé au paddy. Le sucre est un excellent aliment qu'il convient de ne pas négliger. Il permet de nourrir intensivement sous un faible volume. Au Tonkin le sucre, dit annamite, sorte de cassonade vendue en poudre, est très propice à être mélangé à la ration. Il a l'avantage sur la canne à sucre elle-même, donnée en nature, car il n'exige pas une mastication de la part de l'animal ; il est aussi d'un dosage facile enfin il est moins cher que le sucre ordinaire.

La ration, ainsi établie, est une ration intensive, qui permet un grand rendement de travail. Elle favorisera aussi la croissance des sujets et actionnera les bons effets de la gymnastique que les galops auront produits.

L'amélioration de la race par les courses est sûre. Si les programmes des épreuves sont bien établis, le travail d'entrainement se fera dans le vrai sens; les chevaux finiront par acquérir peu à peu des qualités de coursiers : leur conformation subissant une transformation vers le mieux Les générations qu'ils engendreront se transmettront les qualités acquises : la taille du cheval annamite deviendra plus importante.

Il ne faut donc point perdre de vue, que le cheval au Tonkin est susceptible d'être perfectionné. Ainsi que je l'ai dit, le travail est long mais non impossible. Par la sélection, par les croisements, par une bonne alimentation, les résultats ne seront pas longs à se faire voir. A ce moment là, si la Colonie a engagé des dépenses dans ce but, les avantages que tous les services retireront, compenseront dans une large mesure les sacrifices qui auront été faits.

Souhaitons que des idées de suite veuillent bien conserver ce qui est acquis, et diriger le travail qui reste encore à entreprendre.

Mars 1909.

www.ingramcontent.com/pod-product-compliance
Ingram Content Group UK Ltd.
Pitfield, Milton Keynes, MK11 3LW, UK
UKHW021640170726
13836UKWH00005B/2305